大阪万博が日本の都市を変えた

工業文明の功罪と「輝く森」の誕生

吉村元男 著

EXPO'70 CHANGED THE CITIES OF JAPAN

THE MERITS AND DEMERITS OF INDUSTRIAL CIVILIZATION AND THE BIRTH OF "SHINING FOREST"

YOSHIMURA MOTOO

ミネルヴァ書房

西上空から見た万博記念公園（1995年ころ）
出典：大阪府提供。

太陽の塔を望んで中津道を歩く人々
出典：筆者撮影。

巨樹の緑陰の水辺で，暑い日差しを避けて遊ぶ子供たち
広い原っぱは密生林に囲まれている
出典：筆者撮影。

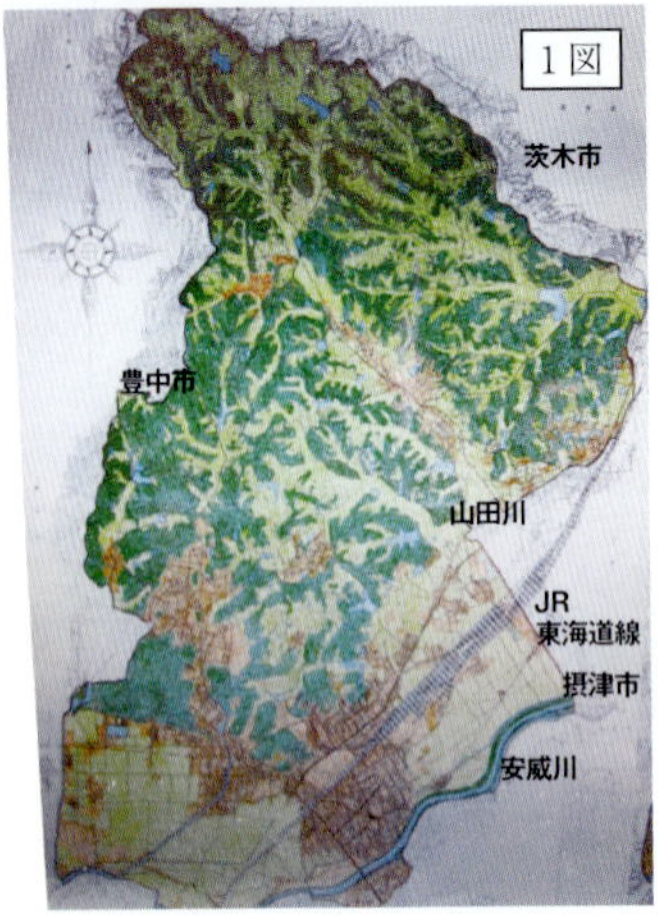

開発される前の千里丘陵の農村地帯。
1950年代

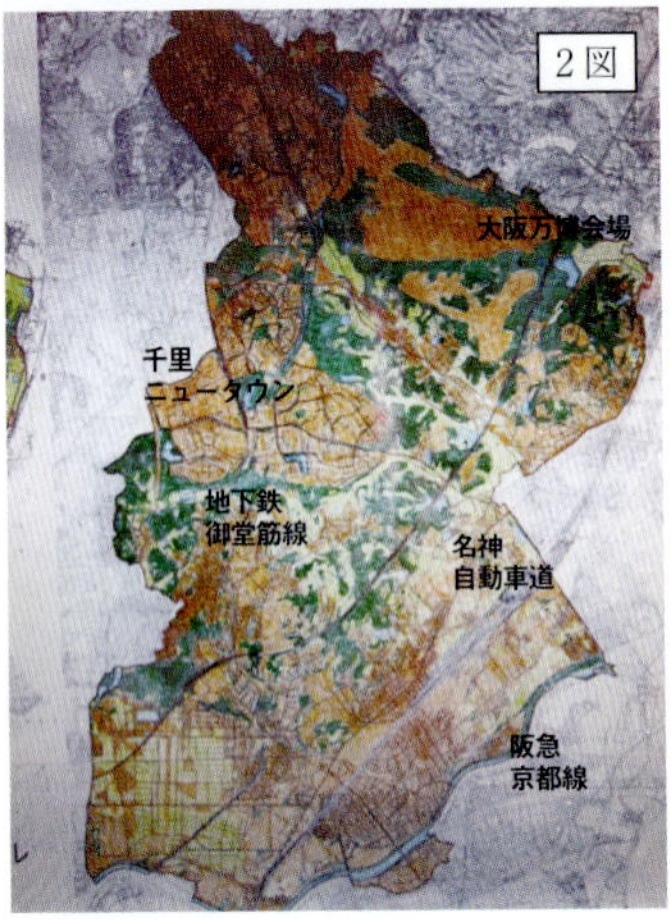

1960年代に始まる千里ニュータウンと
1960年代後半の大阪万博による開発

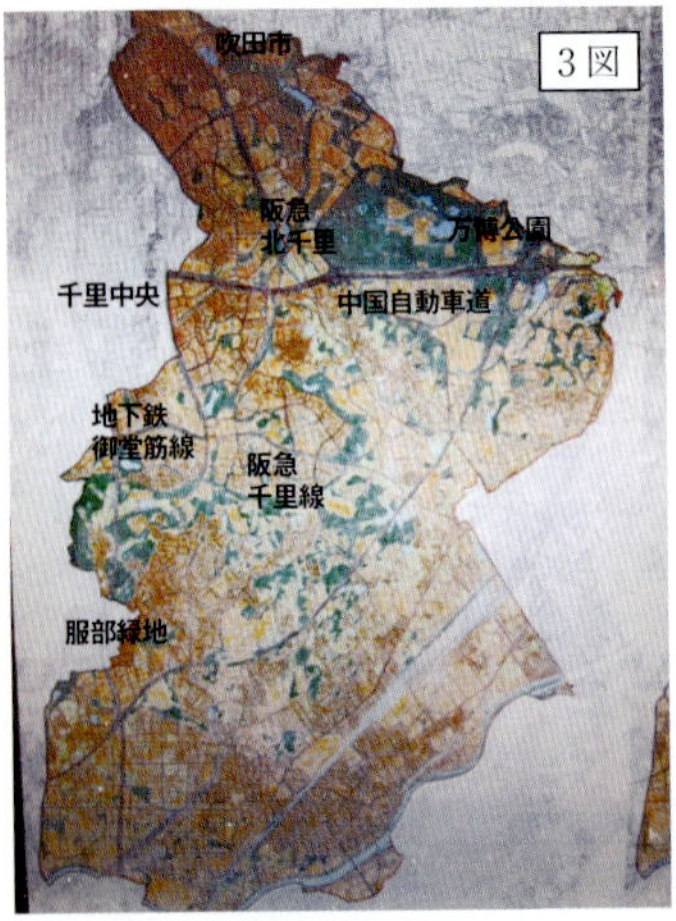

1980年頃万博公園や服部緑地などのわずかな緑を残して周辺はほとんど開発されてゆく

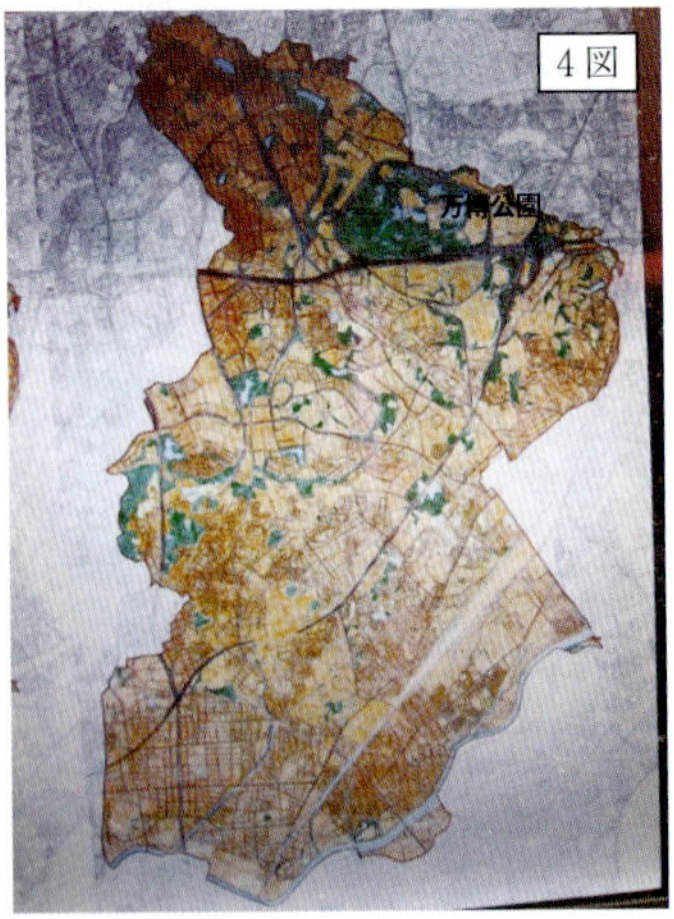

2000年頃　万博公園の緑が孤立している

千里丘陵の緑の変遷図

出典：吹田ヒメボタルの会提供。

まえがき――大阪万博から万博の森へ

（1）万博の森は、大阪万博が生み落した野生の大規模公園である

筆者は一九七一年、万博記念公園（全体二六〇ヘクタール）の自然文化園地区（以下、万博の森）の基本設計・実施設計を受託した。万博の森の設計対象地は、一九七〇年に大阪の北東一五キロメートルにある千里丘陵を切り開いて開催された大阪万博会場の跡地であった。万博当時、そこには、日本政府館をはじめ七六ヶ国、四つの国際機関、国と世界の企業からなる一一六のパビリオンが建設されていた。大阪万博の閉幕に伴ってそれらのパビリオン群が撤去され、その跡に現れたのは、一〇〇ヘクタールに及ぶ広大な裸地であった。委託された設計内容は、この裸地に一九七一年から数えて三〇年先、つまり二〇〇一年までに森を、生態系まで含めて再建するというものであった。この依頼には、通常の造園設計とは異なる極めて異例な内容が含まれていた。第一は、一〇〇ヘクタールに及ぶ裸地に、生態系を配慮した森を人工的につくりあげること。第二は、大都市大阪の近郊の都市化され、交通の利便性がよい市街地並みの高価な都市開発用地に、経済的利益を直接生みだすことのない森を再建すること。第三は、パビリオン撤去跡の、樹木の生育には過酷な痩せた土壌に、森が生育するまで

森の回廊ソラードのタワーから見下ろした万博の森。その向こうに，太陽の塔がみえる。

出典：筆者撮影。

に一〇〇年以上必要であるにもかかわらず、わずか三〇年で森を成熟させよということであった。この異例な設計条件のもとで、万博の森の設計が一九七二年から始まった。跡地には、約一〇〇万本にのぼる樹木が植栽された。植栽後約三〇年を森の完成の第一次成熟期としていた二〇〇一年に、万博記念公園は、開園三〇周年を迎えた。その記念に筆者は万博の森をサルやトリの目線から見る「森の回廊・ソラード」を提案して設計した。その高さ二〇メートルのタワーから万博の森を見下ろしてみると、足元には色とりどりの森が広がっていた。その広大な森の先に目を凝らすと、太陽の塔が森を突き抜けて大阪市内を見はるかしている姿があった。万博の森は、大阪万博会場を埋め尽くしていたパビリオン群が消えたその跡に、繁茂していた。このとき初めて、予定されていた都市開発用地に代わって、森が蘇ってきたことを実感した。短時間の間に成長した「奇跡の森」がそこにあった。一瞬、脳裏に三〇年前のパビリオンやお祭り広場に連日数十万人が集まっている賑わいの姿が浮かび、目の前の万博の森に二重写しになった。しかし賑わいの姿は消え、我に返ったとき三〇年の時の垢を吸収して繁茂してきた万博の森が、足元から広がっていた。

万博の森は、万国博覧会の跡地につくられたことで特別な四つの意味をもっている。第一は、生態系のある森が裸地の状態から人工的に大都市の中に生まれたこと。第二は、アジアで初めて開催された万国博覧会の跡地に、大規模な公園としての森がつくられたこと。第三は当初、跡地利用が都市センター建設案であったものを覆して、森がつくられたことである。第四は、この異例な経過をもつ万博の森が、明治維新以来約一〇〇年、紆余曲折の歴史の中で、工業化、経済至上主義ですすんできた日本の国づくりから一転、人々が環境に配慮した新しい生き方を模索し始めた転換期の一九七〇年代に誕生したことである。この歴史的な森の誕生の意義を解き明かし、万博の森が大阪万博が開催された一九七〇年から一〇〇年後の二〇七〇年にさらに成熟して、公害にさいなまれた工業文明が生物多様性社会に転換して、持続可能な都市のコアになる可能性をもっていることを未来世代に伝えていくことが、万博の森の設計に携わった造園家としての筆者の責務と考えて、本書をしたためることにした。本編に入る前に、よみがえった万博の森にかけられた三つの挑戦の意味を記しておきたい。

（2）第一の挑戦——生物多様性のある回遊式風景公園（庭園）

万博の森が大都市の中に新たに生まれてきた特別な意味は、大都市東京の中心にある明治神宮の森と対比すればよくわかる。両者とも市街化された中で裸地の状態から人工的に森がつくられたことだ。東京都渋谷区代々木にある明治神宮の森の規模は八〇ヘクタールで万博の森よりも少し規模は小さい。大名屋敷の跡地で、建物が撤去された跡に現れた裸地に森がつくられた。明治神宮は現在人工的に植栽されてからほぼ一〇〇年が経過して鬱蒼とした生態系の森としてよみがえっている。一九七〇年当時でもすでに五〇年ほど経過し、明治神宮の森は立派に生育していた。

大都市に、裸地から人工の森が生まれるという歴史は、近代都市の形成過程では異例なことである。ヨーロッパの近代都市計画の中で生まれたフランスのパリのブローニュの森やイギリスのロンドンのハイドパークなどには、野生の森が豊かに繁茂していて、リスなどの小動物が徘徊している。しかし、これらの大規模な公園の緑は、王侯貴族の狩猟地で、もともと深い森があった土地を政治革命によって市民のために公園にしたものである。明治神宮の森も、ヨーロッパの森と同じく、明治維新という

1970年　万博開催時の会場。左下にソ連館，右中央にアメリカ館，奥に日本政府館。

1971年　万博終了後，パビリオンが撤去され，裸地があらわれた。

1981年　植栽後10年経過した自然文化園。緑が少しずつあらわれた。

出典(上記三点)：大阪府所蔵。

政治革命によって大名が所有していた邸宅とその庭園の跡にできたことは共通している。しかし、神宮の森は大名庭園をとりこわした跡の裸地から人工的につくられた点で、ヨーロッパの大規模公園とは異なる。一方、万博の森は、万国博の跡地に、人工的につくられた点で、明治神宮の森に似ている。しかし両者には決定的に異なる点がある。明治神宮の森は、一般の人々が立ち入ることを許されていない、いわば「神宿る禁足の森」であり、万博の森は、人々が森の中に入り込める「開放された森」であることだ。一般の人々が踏み入れることのない明治神宮の森には、「風景」がない。なぜなら人々が、その森を散策できないからだ。両者は大都会の中の、人工によって生まれた大規模な野生の森でありながら森の中に一般市民が入れるかどうかで、都市住民にとって大きな違いがある。万博の森のもつ生態的な自然空間の価値は、市民が「風景」として実際に身近に体験できる場所性にある。そこは、散策や休養で身体の健康を取り戻し、精神的にも安定した気分をみなぎらせる人間回復の場所であるからだ。万博の森は自然破壊を前提にした大都市建設において、都市が自然を収奪して発展するのではなく、自然とともに成長していく証である。都市の中の自然空間の存在は、緊張と摩擦の渦中に日常生活を過ごしている都市生活者にとって、その森の中にわけ入り、日常の桎梏から解放され、人間性を取り戻すことができる場所でなければならない。人間解放には、豊かな自然、野生味のある自然すなわち生物多様性のある生態系との接触が必要なのだ。筆者は、この万博の森を「生物多様性のある回遊式風景庭園（公園）」と名づけている。

（3）第二の挑戦——公害の時代から生物多様性社会の時代へ

一〇〇ヘクタールもの大規模な都市公園で、「生物多様性のある生態系の再建」を標榜して設計された万博の森のもう一つの意義は、万博の森が誕生した時期にある。その時期は、大阪万博が開催された一九七〇年前後の世界的な転換期であった。それは、工業文明の過度な進歩を是正し、生物多様性社会へと転換する世界的潮流の中のできごとであった。万博の森は、まさしく、その工業文明転換期の祭典である大阪万博を契機として誕生したのだ。

一九七〇年に開催され、半年間に六四〇〇万人もの人々を集めた大阪万博は日本が達成した工業化の成果を世界に訴える世界的な祭典であった。独立国家としてアジアで初めてとなる大阪万博の開催は日本にとって明治維新以来の悲願として実施された。工業化の祝祭である万国博覧会の開催は、独立国家として世界に認められていく上で欠くべからざる国家戦略であった。しかし、工業化は国を富ませる力をもつと同時に、多くのひずみと矛盾を生みだす毒薬を内蔵する。工業化は様々な自然資源を採掘し、加工し、商品として製造し、消費者に送り届ける。その過程の中で、自然破壊、水質汚濁や大気汚染、土壌汚染などを伴う。都市の中での工業製品の製造工程は、都市の居住環境、衛生環境も悪化させ、都市居住者を死にいたらせる。工業化社会は富を生みだす一方、人と企業の間に競争の激化をもたらし、富むものと貧者を生む。格差社会の出現である。工業化による富国は、国家間の資源戦争を誘発させる。工業技術は、国を守る武力の技術に応用され、さらに国を超えて他国に侵略する戦争の技術へと発展していく。工業化は、戦車、大砲、戦闘機、軍艦の技術革新につながり、二つの世界規模の戦争を起こした。工業化には多くの功罪が入り混じっている。万国博覧会は、工業化の祭典でありながら、絶えず工業化の負の側面をその陰に落とし、一〇〇余年間欧米で開催されてきた。

万博は世界大戦後、工業化の功だけを見せる工業博ではなく、平和や人類などのテーマを扱うようになった。万博を主催する国は、その国の発展する方向を世界の平和や人類の生き方と照らし合わせてテーマを競うようになった。そして、一九七〇年、大阪で日本初の万博が開催された。テーマは、「人類の進歩と調和」であった。大阪万博の開催は、明治以前の幕末の動乱期に日本人が初めてイギリスのロンドンでみた万博以来、明治、大正、昭和にかけての日本で開催を夢見た一〇〇年の軌跡の上に成就した世界の祭典であった。その一〇〇年間に開催された欧米の万国博覧会のほとんどに日本は参加してきた。日本は万国博覧会の参加を通して、工業技術を学び、日本に取り入れていった。一方で、日本の技術や日本の文化を世界に発信した。しかし、日本の工業化は、遅れてきた日本が先進国に追いつこうとして、富国強兵のもと軍国化とともに進められ、欧米に追従する帝国主義に陥り、他国への侵略戦争に入っていくことになった。日本の独善的国家形成が進む中、国際的な孤立に陥り、太平洋戦争に突入していく。そして敗戦によって国土は荒廃した。その荒廃の中から戦後復興を果たし、平和国家の道を歩むことになった。大阪万博が開催された一九七〇年は、日本が平和国家として世界から認められた証としての国際的祭典と位置づけられる。その祭典のテーマに「人類の進歩と調和」を採択したことは、日本という国家が、人類史的視点で工業文明の在り方を問いかける趣意を世界に発信することを意味したのである。

しかし、一九七〇年前後、日本では工業化による高度経済成長に入って深刻な公害が発生していた。一九五六年には水銀をつくる過程に必要な窒素を海に流して水俣病がおこった。一九六〇年は四日市ぜんそく、光化学スモッグなどの公害が深刻になり、一九六七年には東京で革新系の美濃部亮吉知事が生まれた。それにもかかわらず一九七二年に田中角栄首相が、日本列島改造論で工業発展による日本の開発を発表した。世界では、一九六二年、レイチェル・カーソンの『沈黙の春』が出版された。農薬による生態系への侵入が生物の体に濃縮され、それを食べる人間の身体を侵し、死にいたらしめた。世界の先進国の工業都市のほとんどで、公害が人々を襲った。スウェーデンでは、工場から排出される煙による酸性雨で、女性の髪の毛が緑色に変色し、ドイツではシュワルトバルツの森が酸性雨で枯死した。このような中で、成長の限界がささやかれた。一九七二年にスウェーデンで人間環境サミットが開催され、持続可能な社会がうたわれた。

大阪万博は、日本の性急な工業化が生みだした公害が席巻する中で開催された。テーマは「人類の進歩と調和」であったが、万博会場に展示されたものは、工業化の最先端の技術を謳歌するものがほとんどで、工業化の功罪の「罪」についてはほとんど触れられなかった。大阪万博は、世界と日本の工業化がもたらした公害という「罪」にはふたをかぶせ、見えなくして、「功」だけの祭典となった。テーマに込められた進歩に対して調和に応ずる技術、例えば環境再生技術などはなかった。もともと大阪万博会場は、千里丘陵の自然地を大破壊して造成された。万博会場そのものが、自然破壊の地に設けられたのである。こうして開催された大阪万博には、交通機関が充実し、都市的発展の中枢拠点として期待され将来の都市開発にとって格好の地と見なされていた。

大阪万博の跡地は、大阪府によって新しい都市開発のセンターが置かれる予定であった。千里丘陵の自然を破壊して進む都市開発であり、そこには列島改造論が幅をきかす自然の改造があり、環境を守ろうとする世界の動きとは正反対の方向しか示されなかった。跡地をどうするかという視点でも、「調和」の視点はなかった。そのような中で、万博期間中に跡地利用委員会が結成され、跡地を都市開発センターにするのではなく、「緑に包まれた文化公園」、万博記念公園として正式に出発することになった。その決定を受けて、パビリオン群が撤去された跡に、万博記念公園の中核として万博の森が生まれたのである。都市開発用地から人工的に森を造成する転換は、大都市化によって経済発展をする成長路線を大きく見直す政策になった。

都市開発用地として予定されていた跡地は、高価な土地である。経済的価値を生みだすべき土地に、経済的価値を生みだすことのない森をつくるという決定は、自然を破壊して進む都市建設に歯止めをかけ、持続可能な発展を促す時代の流れに即したものであり、文明の進歩による行き過ぎを是正する「調和」的発展を象徴するものとなった。一九七〇年前後は、世界的にふき荒れた工業文明が生み出す公害の時代に、生物多様性社会への構築に向けた一大転身の事業だったのである。

筆者は、この公園の最も重要な理念の柱として、「生物多様性のある生態系の森」を基本設計に組み入れた。設計者としての筆者の狙いは、工業文明化された都市の中に、生物多様性のある生態系の森を、人々に開放された公園として建設することにあった。それは都市開発センターから緑に包まれた文化公園への転換の意義。すなわち文明の進歩と調和の「調和」の意義をより明確にすることであった。万博記念公園は単なる大規模な都市公園ではない。都市の中の生物多様性のある生態系が生きている大規模な自然空間でなければならない。なぜならば、文明の進歩史観で失われた地球的自然生態系の自然を都市の中に注入することであるからだ。その森は、人類の生存を確かなものにする基盤としての自然であり、それなくしては人類の生存根拠が失われる自然である。このような地球的自然と人々が都市の中で交流し、散策し、休養をする自然空間の存在は、人間が密集・集住する都市においてこそ、公共の社会空間として正当に位置づけられる必要がある。それが都市公園としての万博の森の使命である。

(4) 第三の挑戦――地球環境時代の持続可能な都市文明へ

しかし、二〇〇一年森の回廊・ソラードからみたもう一つの風景があった。成熟した万博の森の周りには都市化された風景が延々と続いていた。筆者はこれは一体どういうことかといぶかった。万国博覧会によって交通の利便性が格段に高くなった千里地域の農村風景は、万博記念公園ができたことによって、緑の多い良好な住宅地としてのイメージがつくられ、残された緑地が失われ、郊外住宅地に変わっていったのだ。万博記念公園は、住宅地化の格好の呼び水となったのである。千里地域の過剰な都市化を抑制するために都市センターから万博記念公園へ転換したにもかかわらず、逆に都市化を誘発させる結果になった。郊外の開発は、大都市化の最前線である。万博記念公園は、大都市化の先兵になってしまっていたのである。

一九七〇年代「成長の限界」の警告が発せられ、石油資源の枯渇、環境汚染が進み成長路線はもはやこれまでとされた。しかし、世界は資本主義経済のグローバル化のもと、成長路線を突っ走った。一九七〇年の世界人口は五〇億人、二〇一一年は七〇億人。世界各国は「緑の開発」を掲げて農業の工業化で食糧増産に向かい、多くの人口を養うことができた。地球の限界より経済至上主義・工業の論理による開発を優先したのである。七〇年以降の都市開発は、環境問題を無視した形で進められた。千里丘陵での万博記念公園周辺の緑が急速に宅地に変えられていったのは、この時期である。このような自然破壊型の開発が進む中で、万博の森がつくられて三〇年経過して森が熟成してきた。しかし、万博の森が熟成してきた二〇〇一年つまり二一世紀の始まりの時期に、地球温暖化という地球規模の環境問題が深刻になり始めた。これは工業化による環境汚染といった地域の問題ではなく、地球を舞台とした気候変動である。公害では原因者が企業で、被害者が生物生命と企業周辺の人々だったが、地球温暖化は、全人類が原因者で、全人類が被害者という構図になる。二一世紀の人類は自らの生活基盤を破壊している。これは地球を介した人類のブーメラン現象といえる。

人類による地球規模の気候変動の問題は、都市建設によって繁栄を築いてきた人間社会の在り方を根底から変えることを求めている。一〇〇〇万人単位の都市の出現、大量生産・大量消費、大量廃棄のグローバル経済に赤信号がついたのである。巨大都市は地球環境時代に変わらなければならない。地球資源を収奪し、二酸化炭素を排出し、地球を大改造していくグローバルな工業化、大都市化をストップさせなければならない。そのためには、大都市の中に生物の論理を注入する必要がある。巨大都市を地球の容量に叶う体質に改革することが求められる。このような状況の中で、都市化された千里地域に孤立している万博記念公園には新たなる役割が求められる。裸地から森になった万博記念公園を起点にしてすでに都市化された千里地域に、水と緑の回廊をつくりあげることである。駅や商業施設が核となって都市が大規模化する市街地の拡張ではなく、公園や森が都市の中核になりそこから自然の回廊が周囲に伸びていく生態系の自然のネットワークが都市の骨格になる。万博記念公園のセントラルパーク化と緑と水の回廊構想である。

二〇〇一年の万博の森三〇周年を契機にして、筆者は万博記念協会から、再度、計画の立案を依頼された。それは、一九七〇年の大阪万博から数えて一〇〇年目の二〇七〇年の万博の森の望ましい姿の設計であった。このとき、筆者は造園設計事務所を退職し、二〇〇一年に設立された鳥取環境大学に赴任していた。ここは、二一世紀は環境の世紀だというたい文句のもと、環境をテーマにした教育と研究をする大学であった。造園設計事務所で公園や緑地を設計する立場とは違い、大学での教育研究の現場から未来を担う若い学生に、筆者が携わってきた万博の森の誕生の経緯を伝えた。そして二〇歳前の学生たちに、五〇年先の万博の森の姿について問いかけた。このままでは地球温暖化がより深刻になる。二一世紀末の彼らの未来に赤信号がつく。筆者はそのときこの世にはいないが、是非、万博の森の望ましい姿を見届けて欲しいと。

その赴任先の自宅の書斎で、筆者はテレビのニュースを見ながら、万博記念協会から依頼された二〇七〇年の未来の万博の森の平面図を書いていた。画面のニュース番組の映像が突然消えて、臨時のニュースが映し出された。アメリカが世界に誇るグローバル経済の象徴ともいうべきニューヨークの貿易センタービルに、イスラム過激派のオサマ・ビン・ラディン一派がのっとった旅客機が突っ込み、ビルの先端が燃えている映像であった。アメリカと連合国がイラク攻撃をし世界は一挙に不安定になった。地球環境問題に加えて不安定化する世界の映像に、二〇七〇年の万博の森の姿が二重写しになった。

一九七〇年に誕生した万博の森は、工業文明が生みだした公害の克服の先駆的事業であった。二一世紀に入って万博の森は、地球温暖化という気候変動にさらされることになる。万博の森が基調としていた生物多様性のある生態系の森も、何らかの影響を受ける。そのとき、万博の森は、今日の工業文明と巨大都市化が生みだした全人類を巻き込む地球規模の環境問題を克服できるかどうかの、先駆的生物的指標として、大阪大都市圏の中に存在することになる。万博の森の生物多様性のある生態系の森を五〇年先の未来にも維持していくことは、地球規模に拡大していく地球文明の未来の生き証人になる。どのような社会を先導する指標になっているだろうか。注視していかなければならない。

大阪万博が日本の都市を変えた——工業文明の功罪と「輝く森」の誕生　目次

第Ⅰ部　大阪万博以前

第一章　日本は、万国博覧会とどうかかわったのか

1　日本人が初めて遭遇したロンドンの万国博覧会

（1）ペリー黒船来航の前後

一九七〇年、日本で初めて万国博覧会が開催された。万国博覧会の開催は、近代を先導した工業化を達成して国の繁栄を国の内外に発信する国家の威信をかけた事業であった。日本はそのような国家への道を確かなものにするために、万国博覧会の意義を認識し始めてから、猛烈な勢いで万国博覧会の日本での開催に力を傾注してきた。このような世界の潮流の中で、「人類の進歩と調和」というテーマで開催された日本万国博覧会（以下、「大阪万博」）の意義は、日本人が、一世紀以上に及ぶ万国博覧会の歴史にどう向き合い、万国博覧会の開催の条件を克服し、世界の中で日本の近代国家としての実力を蓄えることに腐心してきた軌跡の中で辿ることができる。

日本人が、最初に万国博覧会の存在を知ったのは、一九七〇年の大阪万博から遡ること一一七年、

一八五三年のペリーによる浦賀港への黒船来航の一年前であった。幕府がオランダ商館長から一通の文書を受け取った。「別段和蘭風説書」である。風説書には、世界の情勢が種々記されていたが、「ヱケレス国都府ニ世界諸邦出産之諸物を見物致の場所」を設置し「全硝子・鉄拵」のクリスタルパレスが建設され、「一両日のうちに来観する者数万人余」と記されていた。その内容は幕府が文書を受け取った二年前の一八五一年、大英帝国のイギリスの首都ロンドンで開催されたロンドン万国博覧会のことで、その会場が大勢の入場者で盛況している様子を伝えていた。クリスタルパレスはその万国博覧会のメインとなる会場でガラスと鉄骨でできた水晶宮のことであった。文書はさらに、二年後の一九五三年には、アメリカのニューヨークで諸国の「産物」「奇巧器物」が、一同に会され、展示されることが書かれていた。このニューヨークの万国博覧会が前々年の一八五一（嘉永四）年に「エゲレス国都府」（ロンドン）で開かれた万国博覧会を踏襲したものであることまで伝えていた。ペリーが日本に来たその年に、アメリカではニューヨーク万博が開催されていた。

鎖国日本にも、欧米で万国博覧会という国を挙げた博覧会が世界的規模で連続して開催されているとの情報は、意外なほどはやく知らされていた。しかし、幕末の日本がこのような海外での万国博覧会のニュースを知らされてもそれどころの状況ではなかった。明治維新の一〇年前の一八五八年に安政五ヶ国条約を締結した幕府は、幕藩体制に対する不満、安政の大獄、薩長土肥連合による攘夷活動、開港による物価上昇による経済の混乱などへの対応は後手に回り、国内は大混乱で騒然としていた。

このような中、明治維新の六年前、一八六二年に条約批准書の交換と海外視察のため、幕府は視察団をヨーロッパに派遣した。この時、視察団の一行は、日本人として初めて、ロンドンでの第二回万国博覧会、世界では第四回の万国博覧会を見学した。

（2）「別段和蘭風説書」という世界への細い覗き穴

オランダ商館長（カピタン）が幕府に提出していた「別段和蘭風説書」とはどういうものか。日本は、ヨーロッパ諸国が産業革命によって工業化を達成し、その圧倒的な軍事力で非ヨーロッパ世界を植民地化し、世界を西欧主導型の一体的な経済圏をつくっていた中、鎖国によって二〇〇年もの間、世界の動きから閉ざされて太平の夢をむさぼっていた。唯一外国との情報の小さなパイプがオランダであった。長崎の出島に建設されたオランダ商館から、幕府は他国の情報を知るために、一六四一（寛永一八）年オランダ船が出島に入港する度に情報を提供させた。この細い情報のルートが、幕府が海外事情を知る重要な役割を担ったのである。「別段和蘭風説書」は、長崎の出島ではなく、現在のインドネシア・ジャワ島のバタヴィアで作成された。バタヴィアは、オランダが東インド会社を開設しアジア支配の本拠地であった。一八四〇年から「別段和蘭風説書」は書かれ、幕府にその情報が提供され始めた。その中で、アヘン戦争（一八四〇年）のことも幕府に知らされていた。ペリー来航もこの「別段和蘭風説書」に記されており、そのことは幕府の外部にも漏れていた。

その「別段和蘭風説書」に書かれていた一八五一（嘉永四）年に開催されたイギリスのロンドンの万国博覧会の様子は、当時のイギリス植民地で発行されイギリスの新聞に掲載されていた記事を「別段和蘭風説書」で取り上げて幕府に伝えた情報であった。世界最初のロンドン万国博覧会は、わずかな情報のすき間をぬって、日本に知らされた。明治維新の一七年前である。万国博覧会は、工業化とグローバル経済の支配と植民地経営による帝国型国家が生みだした力を高々と宣言する都市の祝祭である。しかし、地球の裏側で世界最初の万国博覧会が開催されたことを知ったとしても、鎖国中で開国に向けた騒乱に巻き込まれていた日本はなにもすることができなかった。長い鎖国で近代国家形成に後れを取ったこの時期にすでにヨーロッパ特にイギリスは、文明の進歩の象徴ともいうべき万国博覧会の最初のスタートを切っていた。日本がいかに欧米の工業化、近代化に遅れを取っていたか、オランダ商館長からの万国博覧会の情報を得ながら何の対応もできなかったことからもわかる。

(3)水晶宮に込められた世界の覇権を誇示したロンドン万国博覧会

ロンドン万国博覧会は、ロンドンのハイドパークで、一八五一年五月一日から一〇月一五日までの約半年間開催された世界最初の国際博覧会であった。博覧会開会を宣言したのはヴィクトリア女王で、博覧会最大の呼び物は、女王の夫アルバート公が推進した水晶宮であり、鉄骨とガラスでできた七万五〇〇〇平方メートルもある「ガラスの城」とそこで欧米からの多くの展示物、そして多くの行事は一九世紀最大の人気イベントとして、五ヶ月の会期中にリピーターも含めて六〇〇万人の人々が押し掛けた。これは当時のイギリス人の人口の三分の一に相当した。

ヴィクトリア女王は万博開催中の数ヶ月間、気分が高揚してロンドン万博以外のことはほとんど頭

水晶宮の内部（ロンドン万博 1851年）

出典：京都大学人文科学研究所所蔵。

になくなっていた。万博のすべてを見学しようと一週間に数回という頻度で水晶宮を訪れている。夫であるアルバート公は、自ら融資したこの博覧会の熱心なプロモーターであった。大規模な博覧会を主催する確固たる実行力を築くため、政府に働きかけて一八五一年に博覧会芸術・工業・商業振興をめざした王立委員会を結成させ、自ら水晶宮の建設の旗振りをした。ヴィクトリア女王がめざした世界最初の万国博覧会は、女王が世界各地を植民地化・半植民地化し、繁栄を極めた大英帝国の存在を世界に知らしめる一大イベントであった。その象徴が水晶宮であった。

水晶宮が、万国博覧会で最大のモニュメントとして建設された文明的意味は大きい。第一に建築の内部に柱なしの巨大空間を生みだした建築の構造とデザインの成果である。この建築様式はその後の博覧会の展示で巨艦主義といわれる大規模展示のモデルとなった。第二は、その巨大モニュメントが温室であること。海外の植物の育種栽培に使われた温室は、イギリスの植民地政策のシンボル的存在であり、温室はイギリスのその国威発揚の場として使われた。第三は、大規模な都市型公園の中で設置されたことであった。公園の中での鉄骨とガラスから成る巨大展示空間は、公園をより集客的機能をもつ公共の場所に変えた。第一の水晶宮の技術とデザインは、土木技師チャールズ・フォックスとジョセフ・バクストンによるもので、鋳造された鉄骨、そしてほとんどバーミンガムとスメジックでのみ生産されるガラスという工業技術の粋を集合した芸術作品となっている。この三〇万枚のガラスで覆われた巨大な建築である巨大なガラスの水晶宮は、幅一八四八フィート（約五六三メートル）、奥行き四五四フィート（約一三八メートル）、そして開業までたった九ヶ月という計画で建設された。

第二は、この建築のモデルが温室であることだ。温室はデヴォンシャー公爵所有の豪邸チャッツワース・ハウスの温室をモデルにデザインされた。温室は、植物園や広大な宮殿の中に設けられ、世界各地から資源植物（人間生活に必要なものをつくることができるとされた植物）を集め、品種改良が行われていた。大英帝国イギリスの植民地政策の大きな柱が、植民地化した国でのプランテーション事業で、植民地の各植物園と情報交換などを行い、それにより、育成条件の合致する植民地に移植して農作物の大量生産を図ることにあった。イギリスはプラントハンターを世界に探検家として派遣し、有用植物の発見、栽培を始めた。その代表的な植物園がロンドン万国博覧会の数年前の一八四〇年に国立植物園になったキュー・ガーデンであった。植物園はプランテーション事業の拠点であり、キュー・ガーデンの歴史は熱帯植物を集めた庭をつくったことに始まる。その中の温室は、大英帝国の植民地政策の重要なモニュメント施設であった。中国産のお茶をインドのダージリン地方やスリランカへ移植。アマゾン川流域の天然ゴムをマレー半島へ、ポリネシア産のパンの木を西インド諸島へ、マラリア産の特効薬であるキニーネをペルーからインドへといった移植は、イギリスの植物園の温室内で栽培実験されたのである。

第三に、ロンドン万博が、ロンドンの市街地の大規模公園であるハイドパークで行われたことで、入場者も多く、多くの収益が得られたことは、万国博覧会のその後の開催に大きな励みをもたらした。ハイドパークはロンドン中心部ウエストミンスター地区からケンジントン地区にかけて存在する公園で、ロンドンに八つ存在する王立公園の一つである。総面積は三五〇エーカー（一・四平方キロメートル）でケンジントン・ガーデンズの二七五エーカー（一・一平方キロメートル）と合わせると六二五エーカー（二・五平方キロメートル）にもなり、ニューヨークのセントラルパークと同様の巨大な都市型公園である。

都市公園で開催されたために、万国博覧会終了後の収益も一八万六〇〇〇ポンドの利益を生み、その収益と議会の創設した基金でケンジントン地区再開発を行った。さらに、ヴィクトリア・アルバート美術館、サイエンス・ミュージアム、ロンドン自然史博物館の設立のために使われた。ロンドン万国博覧会は、その出発の第一回から、国威発揚の世界の祝典というその後の万国博覧会のプロトタイプをつくったといえる。

(4) 蒸気機関の時代――アメリカでのニューヨーク万博

ペリーが浦賀沖に黒船で来航し、再度の来港を告げてアメリカに帰っていった翌年の一八五三（嘉

安全装置付きエレベーターの実演をするオーティス（ニューヨーク万博 1853年）

出典：京都大学大学院農学研究科所蔵。

永六）年、アメリカ合衆国は、アメリカでの最初の万国博覧会をニューヨークで開催した。アメリカは一七七六年独立宣言を行った。この宣言は一七八九年のフランス革命を誘発した。アメリカ革命において、自由・平等や自然権、人民主義などの近代の政治・社会野基本原則が国家の樹立という名のもとに打ち立てられた。ペリーが日本に来た一八五三年は、独立したアメリカ合衆国が領土拡大と植民地経営に乗り出してきた時期であった。一九世紀初めは西部開拓、フランスからのルイジアナ買収、一八四五年テキサスのメキシコからの併合、オレゴン、カリフォルニアの獲得と現在のアメリカの領土をこの時期に確定し、太平洋を自己の庭にするようになった。

アメリカの工業化は五大湖周辺で急速に進み、穀倉地帯の中西部でも大都市が出現し、西部では金鉱が発掘された。イギリスの世界初のロンドン万博から二年後であったが、爆発的な産業興隆の背景のもとで、ニューヨーク市の現在のブライアント公園で、アメリカ合衆国で初めての万国博覧会が開催された。第一回ロンドン万博を訪れ感銘を受けた実業家たちが、アメリカでも万博を開催すべく、働きかけた。工業化でイギリスに追いつこうとして近代化を急いでいたアメリカは、ロンドン万博の水晶宮を模倣して鉄とガラスの水晶宮をつくった。

一八五三年七月一四日に開会式が行われ、二三の国々がヨーロッパとアメリカ大陸から参加し、四八五〇の出品があった。アメリカからの出品者が多く、アメリカは、機械類の出品物が最も多かった。とくに評判を呼んだのはオーティスが発明した落下防止装置のついた蒸気エレベーターであった。蒸気機関と高層建築の時代の到来を物語っていた。開催当初は入場者一二五万人と多く、ニューヨークで最初の旅行ブームをつくり、数多くのホテルも建築された。しかし、最終的に収入は経費の半分で三〇万ドルの大赤字になった。それでも、この万博を通じてアメリカ大陸にヨーロッパの先進的な機械文明と水準の高い文化が紹介され、大陸間の交流が促される効果があった。

2　都市美観改造のパリ万国博覧会

(1) パリにおける八回もの万国博の開催

第一回のロンドン万国博覧会、第二回のアメリカのニューヨーク万国博覧会に次いで第三回は一八五五年にパリでフランスとしては最初の万国博覧会として開催された。イギリスに工業化で後れを取り、世界の植民地化にも敗退していたフランスは、イギリスに亡命していたナポレオン三世が、ロンドンでの大規模公園の整備や都市改造、そして万国博覧会開催の威力をまざまざと見せつけられ、帰国して即位した後、第三回の万国博覧会をパリで開催した。その後、第一次世界大戦を経て、第二次世界大戦直前までの世界情勢の中で、万国博覧会を開催しつづけた。実に一〇年ほどの間隔をおいて七回、都合八回も開催した。一八五五年、一八六七年、一八七八年、一八八九年、一九〇〇年、一九二五年、一九三七年、一九四七年である。なにが、フランスをこれほどまでに万国博覧会開催に執着させたのか。この経過を辿ると、万国博覧会の開催とパリ改造との密接な関係が見えてくる。第一回ロンドン万博が、広大な公園で開催されたのに対して、パリ万博は、終始一貫して市街地に固執している。パリ万博は、明らかに都市の祭典であり、都市の博覧会であった。それはパリの改造と大きく連動していた。パリを、美と芸術と威信とパレードとお祭りと散策の都市に仕立て上げる契機をつくったのである。一連のパリ万博は、万博開催が主催国家の近代化、都市化など近代的都市計画に大きな影響を及ぼすことを示した。人口が急増するヨーロッパの都市で、中世の城郭都市から如何に近代都市へ脱皮するか。万国博覧会の開催意義は、パリ万博によって、常に新しい問題提起が世界に発信されたのである。

(2) ナポレオン三世とオスマンによる都市美化運動

第一回パリ万国博覧会は、一八五二年に皇帝となったナポレオン三世の統治下で開催された、一八五五年五月一五日から一一月一五日まで、パリのシャン・ド・マルス公園が会場であった。三四ヶ国が参加し、会期中五一六万人が来場した。会場の広さは一六ヘクタール、この第一回パリ万国博覧会は当時のフランスにとって一大イベントであった。一八五一年のロンドン万国博覧会を追って、さらにはロンドンの水晶宮を上回るべく産業宮が建設された。第一回パリ万博の産業・芸術展示品は前回のロンドンでの展示品に勝るものであったとされている。しかし、開催に要した費用が約五〇〇万ドルだったのに対し、利益は支出のわずか一割ほどであった。フランスはロンドン万博のアイデアを拝借した。フランス及び第二帝政末期のフランスの国威高揚の場となった。国民を挙げてのお祭りで、ナポレオン三世とフランスの栄光は頂点に達した。

ナポレオン三世の外交政策は失敗続きであったが、経済政策は大きな成功を収めた。公園、図書館、オペラ座、劇場、大学をはじめとする教育文化施設をつくった。大規模な万国博覧会をパリで開催し、パリをフランスの首都の威厳につくり変えることに力を注いだ。

パリの歴史は、人口が増加する度に城壁を拡張する歴史だったともいえる。王宮とパリ人を守るため、王は莫大な資金をかけて、絶えず城壁からはみ出て外に出て行く市民や貴族の住居や教会を新たな城壁の建設で守らねばならなかった。

(3) 最悪の都市環境

一方、パリの城壁の中は、住居が高密度にひしめいており、貧民街では環境は最悪であった。一九世紀半ば頃までのヨーロッパの都市では、通りに張り出した屋根からの排水が道の中央の排水溝に流れ落ちるようになっていた。大都市では敷石で舗装がなされていたが、パリでも豚が放し飼いにされていた。住民は日々出る生ゴミや汚物を通りに投げ捨てた。道の窪みや溝にはそれらがたまり、河川には動物の糞・廃棄物・汚物などが流れ込み、水が汚染されるような状況であった。市民はそれらの川の水を飲料水などに使用したため、生活環境・都市衛生は極めて劣悪だった。このような城壁の内側の密集・集住状況からくる劣悪な環境はヨーロッパの大都市では共通していた。ロンドンでは特に石炭の燃料で大気は汚染されていた。第一回の万博が開催されたハイドパークでは、水晶宮の向こうに、工場や住居の煙突から出る煙が幾筋も立ちあがっていた。

万国博覧会で中世の城壁都市のパリを世界に先駆けて近代都市パリへと変身させることに成功したナポレオン三世は、オスマンをセーヌ県の知事に一八五三年から一八七〇年まで一七年にわたって任命しパリの大改造事業を推進させた。ナポレオンは国家の総力を挙げて開催する万国博覧会を、首都パリの改造に効果的に活用した。フランス革命で処刑されたルイ一四世は生前パリの治安悪化を理由にパリを抜け出して広大なベルサイユ庭園をもつ宮殿都市を荒野の谷でつくった。それに対してナポレオン三世は、城壁で囲まれ、建築が密集し、コレラの温床で不衛生な下町、暴動の隠れ家になっていた細い街路のスラムのパリを、首都パリ、国家の威厳にふさわしい美観都市に改造した。エトワール凱旋門から放射状に並木が配されたブルヴァールと呼ばれる広い一二本の大通りで、中世以来の複雑な路地を整理した。ブルヴァールの建設のために破壊された路地裏面積は実に街の七分の三にのぼった。ブルヴァールは、二月革命反政府勢力を助けた複雑な路地を一掃し反乱を起こりにくくする効果をもたらし、軍事パレードの舞台にもなった。交通網を整えたことで、パリ市内の物流機能が大幅に改善され、街路の改造に伴って上下水道を整備し、同時に学校や病院などの公共施設などの拡充を図った。また、ブルヴァールは、プロムナード・広場・並木道を備えた、ヴェルサイユ庭園の最も重要な特徴である緑のヴィスタであり、見通しのある広い街路での庭園の散策とおなじ気分を味わえた。喧騒のパリのブルヴァールでのお洒落な装いでの散策は、室内に閉じ込められていたパリ市民を開放させ、その上パリジャンやその家族にとって憩いやレジャーともなった。また、当時、印象派の絵画もこぞってパリに並木道を行き交う夫人や森を散策する女性の姿を描いている。街路に新しい市民の都市文化の風景が誕生した。

美観と威風の都市改造の手法は、強権によって成し遂げられた。スクラップアンドビルドという不動産開発と一体の事業手法のために、超過収用（道路予定地の沿道まで強制買収し、整備後に分譲する、つまり居住者は入れ替わる）を採用し、計画地にある建物を強制的に取り壊し、沿道の建物の高さと様式を揃えさせる建築規制を徹底した。道路幅員に応じて街路に面する建造物の高さを定め、軒高が連続するようにしたほか、屋根の形態や外壁の石材についても指定した。

3　工業博としてのパリ万国博覧会

（1）ドイツのクルップ巨大砲の展示——第二回パリ万博一八六七（慶応三）年

パリ万博を都市美を追求した都市改造の視点でみてきたが、ナポレオン三世が傾注したパリ万博のもう一つの面は、工業博としての博覧会であったことだ。ナポレオン三世のフランスは産業革命で後れを取っていたため、イギリスに工業技術で追いつくことを念願してパリ万博は開かれたのである。

クルップ社の大砲

製鋼技術の進歩に伴い出品のたびに大きくなり，重量は50トン（パリ万博 1867年）

出典：京都大学人文科学研究所所蔵。

パリ万博（一八六七年）二回目の会場はシャンゼリゼ公園内のマリーニ広場とマルス公園で開催された。シャンゼリゼ公園は、森の中を散策しているような風景がシャンゼリゼ大通りにそって続く一八四〇年に造られた約一四ヘクタールのイギリス風の様式の公園で、背後にはエリゼ宮、グラン・パレ、プチ・パレ、などパリを代表する建築物が周りを取り囲んでいた。シャンゼリゼ大通りは、凱旋門、コンコルド広場、ルーブル宮などが並ぶ、パリの軸線であり、その一角の公園で万国博覧会が開催されたことは、ナポレオン三世が、如何にパリの都市の骨格づくりに、大きな期待を寄せていたかがうかがわれる。ちなみにエトワール凱旋門は、ナポレオン一世が戦勝の祝いとして起案し、一世の死後三世が一八三六年に完成した。

マルス公園での展示は、長径三〇〇メートル、短径四〇〇メートルの楕円形の主会場建築の中だった。各国館や遊園地、レストランが会場内に設けられ、その後の万国博のモデルとなった。フランス、ドイツ、スウェーデン、スイス、アメリカの工業製品が注目を浴びたが、イギリスは工業力に陰りがみえた。一八六七年のパリ万博では電信機・海底ケーブル等の情報技術、大砲の出品も多かった。イギリスのアームストロング砲とドイツの重量五〇トンのクルップ巨大鋼鉄砲は、三年後普仏戦争で使われ大きな威力を発揮した。一八五四年ベッセマーの転炉製鋼法は機械材料の錬鉄・鋳鉄に代わる鋼で、機械が堅牢になった。ドイツのジーメンス三兄弟はそれぞれ、電気のヴェルナー、鉄のウイリアム、ガラスのフリードリッヒで世界に名をとどろかした。とくにヴェルナーは、一八七三年のウィーン万博では、新型のアーク灯・電気ホットプレート・電気鍋などの試作品を出品し、家庭電化を予見した。

(2) ガソリン自動車・電話機・蓄音機の展示——第三回パリ万博一八七八（明治一一）年

フランスは一八七〇年の普仏戦争によってプロシア・ドイツのパリ占拠という痛手を被った。ナポレオン三世はスダン要塞で捕虜となって第二帝政は崩壊し、第三共和国になってフランスはようやく復興を遂げた。戦後復興を祝って第三回のパリ万国博覧会が開催された。三六ヶ国が参加し会期中に一六一六万人が来場した。ドイツ帝国はこの博覧会に招待されなかった。万国博覧会は、トロカデロ庭園を囲むようにシャイヨー宮が建設され、その対岸のシャン・ド・マルス公園には巨大なパビリオンが建てられた。また、アレキサンダー・グラハム・ベルの電話機やエジソンの蓄音機や自動車が出品されるなど、当時の各国の発明品が所狭しと並べられた。オットーの四サイクルガス機関は、現在のガソリンやディーゼル機関に採用された。一方で植民地から連れてこられた「原住民」たちを展示する「ネグロ村」が設けられた。

（3）鉄骨の時代のエッフェル塔——第四回パリ万博一八八九（明治二二）年

第四回は、第二回でも会場になったシャン・ド・マルス公園、トロカデロ広場などが会場となった。会場総面積は〇・九六平方キロメートルで、フランス革命の発端とされるバスティーユ襲撃一〇〇周年の記念となる一八八九年に開催された。目玉のアトラクションは、大観覧車そして途方もない技術上の快挙である高さ三〇〇メートルのエッフェル塔であった。一八八九年に竣工したエッフェル塔は会期中は入場アーチ門の役割を担った。A・G・エッフェルが設計したこの鉄塔は錬鉄製であり、高さ三〇〇メートル。七三五〇トンもの鉄は、圧延鋼材で、鉄骨用に標準化・規格化された鋼材をリベットによって短期間に組み立てていく方法で、当時世界最高の建築物であった。エッフェル塔は、本博覧会最大のシンボルとなった。

エッフェル塔と同様に、この万博のために建造された注目すべき建築物が機械館である。この機械館は一九〇〇年の第五回パリ万博でも再びパビリオンとして使用されたが、エッフェル塔のように今日まで残されることはなく、一九一〇年に取り壊されてしまった。

（4）電気の時代——国際政治の中の第五回パリ万博一九〇〇（明治三三）年

一九〇〇年の万博はさらに拡大し右岸のシャンゼリゼにまで溢れだした。グラン・パレの鋼鉄とガラス製巨大ヴォトールトの金属製構造。アレクサンドル三世橋がセーヌ河をまたいで会場をつくった。セーヌ川両河岸には、トロカデロ宮殿からアンヴァリッドまで、各国のパビリオンが連なり、世界全体を見渡せる巨大な絵巻物を見ているようだった。観客数五〇八〇万人、出展数は八万三〇〇〇という規模に達した。

二〇世紀の幕開けとなった一九〇〇年のパリ万博は、電気の時代を告げる都市博となった。石炭による蒸気機関から、水力発電などによる電力への転換は、エネルギー革命であると同時に、電力が生みだす灯りによって、都市と都市生活が根底から変わった。第四回のパリ万博で建設されたエッフェル塔は、一九〇〇年の第五回パリ万博ではその頂部から、パリの都市全体に光が放たれた。エッフェル塔も電飾で覆われ、闇夜の世界の中に光のタワーが忽然と現れた。万博会場は輝く夜の世界になった。幻想の館では、ホールの天井から壁までのすべてが電飾で彩られ、妖艶な夜の世界を演出した。水の城は電力による水の揚力で噴水と滝などの水の彫刻が躍動した。電気仕掛けのアトラクションが、人々を幻想の世界にいざなった、夜のパリの街並みに灯りが入り、家庭にも電燈がつき、二〇世紀は輝く夜の世界の始まりであった。第五回パリ万博は輝く夜の世界をくまなく演出した。

完成したエッフェル塔とシャン・ド・マルスの会場（パリ万博 1889年）

出典：京都大学人文科学研究所所蔵。

4　日本人が最初に見た万国博覧会

(1) 日本人初、文久二年遣欧使節団

いよいよ、日本人が鎖国の日本を飛び出して、初めて万国博覧会を体験する時期がやってきた。第四回の一八六二年のロンドン万博で、最初に接触した日本人は、遣欧使節竹内下野守保徳の一行であった。

同じ年の一八六二(文久二)年、幕府は、直ちに開港を迫るヨーロッパ諸国に対して、江戸・大坂・兵庫・新潟の開市・開港の延期についての交渉をするため、イギリスを含む六ヶ国の条約相手国に使節団を送った。それが竹内下野守保徳を正使とする総勢三八人の使節団で、福沢諭吉もこの一行の一員であった。日本は明治維新の六年前で、騒然としていた時期にもかかわらず、江戸幕府は、この時期六回も欧米へ使節団を送っている。ほとんど一年おき、ないし連年という忙しさで大小の外交使節団を欧米諸国に派遣した。外交使節団の派遣第一回は、一八六〇(万延元)年アメリカへ日米修好通商条約の批准交換のため、第二回が、遣欧使節竹内下野守保徳の一行であった(芳賀、iii頁)。

日本は安政の開国によって、物価が高騰し経済も混乱していた。開国に反対する尊王攘夷派が討幕に立ちあがっていた時期である。フランスに軍事的な支援を求めていた幕府だが、欧州への渡航に際してはイギリスが軍艦を提供した。

一行はロンドンに入る前に、フランスのマルセイユに上陸し、工業化したリヨンを通ってパリに入っている。パリでは皇帝になって一〇年目のナポレオン三世に拝謁した。ナポレオン三世はオースマンに命じてパリの大改造の真っ最中であった。パリではパレ・ロワイアル広場の前のホテルに宿泊し、花の都のパリの文明都市に驚嘆した。一行はベルサイユ宮殿を訪問した最初の日本人でもある。パリジャンの日本使節団を迎える様は、熱狂に等しかった。使節団はイギリスとの開港問題の折衝がなかなか進まないで、暇を持て余しており、ロンドンや近郊を見物し始めた。このとき、九年前に開催された第一回の一八五一年ロンドン博に展示された水晶宮を見に行っている（芳賀、一五二頁）。水晶宮は万博終了後は一度解体されたものの、一八五四年にはロンドン南郊シデナムの丘において、さらに大きなスケールで再建され、ウィンター・ガーデン、コンサート・ホール、植物園、博物館、美術館、催事場などが入居した複合施設となり、多くの来客を集めていた。この見学のとき一行は、世界最初のロンドン万博（一八五一年）の様子が再現された万博の会場風景を相像して仙境、極楽園という言葉で表し驚嘆した。

会場を見学中の遣欧使節団（ロンドン万博 1862年）
出典：京都大学大学院農学研究科所蔵。

市内見学では、テームズ河の河底トンネルの土木技術に驚いた。新井白石の「本朝群器考」などの日本の貴重古書・古地図までを集めた大英博物館、グリニッチ天文台、海軍兵学校・保養院、女性が電信機で通信をさばいている電信局などを見た。さらにロンドン・ドック、ポーツマス軍港を見学、アームストロング砲製作所はほぼ一日かけてその生産能力を見学した。炭鉱ももぐった。驚くべき研究熱心さであった。ロンドンでは路上に塵芥が散乱し、乞食や酔っぱらいがいっぱい路上にいたことを随員は手記に記している。一行は条約改訂の交渉の前にもかかわらず、第二回ロンドン万博の開幕式に賓客として出席している。イギリスの万国博覧会は、ハイドパークで開催し水晶宮を出展した一八五一年から一八六二年に引き続いて二回目であった。第一回から一〇年を経過してイギリス工業化の絶頂期は過ぎ、ドイツやアメリカが先進工業国に追いついていた。ドイツの鉄鋼製品などが大評判になった（芳賀、一五三頁）。この時のロンドン博は、入場者は六二〇万人と予想より赤字であった。日本使節団は何度も会場を訪ねて熱心に見物し、特に機械に興味を示した。また、一八五五年に発明された速射砲であるアームストロング砲の製作過程のメモを取ったりしている。アームストロング砲は戊辰戦争で使われている。

日本からの正式な出展はなかったにもかかわらず、日本コーナーが初めて設けられた。初代駐日公使オールコックの収集した日本の美術工芸品などが展示された。福沢諭吉をはじめ日本使節団の主なメンバーは羽織袴で登場し、地味な色合いの服装や髪型などは奇異の目で見られ、また生真面目で礼儀正しい振る舞いは感心され、英国人たちに終始好奇の目で見られた。

(2) 幕府と島津藩——第二回パリ万博一九六七（慶応三）年

一八六六（慶応二）年、フランス皇帝ナポレオン三世から幕府宛に、一八六七年にパリで開催する第二回万博への出品要請と元首招請についての書簡が届いた。四二ヶ国が参加し、会期中一五〇〇万人が来場した。幕府は将軍慶喜の弟、当時一四歳の徳川昭武を名代として派遣することとした。異国でのこの幼君の警護役として水戸藩士七名が選出されその取りまとめ役として随員に加えられたのが、かつて過激な尊王攘夷論者であった渋沢栄一である。渋沢は、担当の庶務及び会計について手腕を発揮した。経費削減につとめ、博覧会出品物の売却等も行った。一年半ほどのパリ滞在中に、経済の理法、合本（株式会社）組織の実際、金融（銀行）の仕組みなどを調査、研究した。それらが、後に近代的企業の設立、租税制度や貨幣制度等の改正・改革へとつながっており、また大財閥を形成した素地となっているのである。渋沢は、一八六七（慶応三）年パリ万博随行の際に『航西日記』を著しており、そこにはパリ万博の規模や世界各国の参加状況、展示会場の様子、その時期のパリ市中の模様、各国元首の動静などが詳細に書かれている。また、日記のいたるところで、西欧文明の進歩に感嘆している心境が述べられている。パリ万国博には、島津藩、佐賀藩も出品した。島津藩は「日本薩摩琉球国太守政府」の名で幕府とは別に展示し、独自の勲章（薩摩琉球国勲章）まで作成した。

鎖国下の幕末の動乱期、一九世紀半ばからロンドン、パリ、ニューヨークなどで相次いで開催された万国博覧会の模様は、幕府が派遣した欧米への使節団や出典に携わった一部の役人の間にしか知られなかった。その中で、幕府の正式な使節として三回も幕末に欧米にわたった福沢諭吉が一八六六

（慶応二）年に著した『西洋事情』で、イギリス、フランスの万国博覧会を取り上げ、万国博覧会が世間一般に知られるようになった。福沢は最も欧米の政治、経済、文化のあらゆる分野に精通していた。『西洋事情』は、一五万部も売れたベストセラーで、多くの人々が競って手に入れようとし、偽版まで出る始末だった。その西洋事情の中で、福沢は、ロンドン万博を見物して万国博覧会のことを次のように解説している（福沢、一九六九年、三一二頁）。

西洋の大都会には、数年毎に産物の大会を設け、世界中に布告して各々其国の名産、便利の器械、古物奇品を集め、万国の人に示すことあり。之を博覧会と称す。（中略）博覧会は、元と相教へ相学ぶに趣意にて、互いに他の所長を取て己の利となす。之を譬へば智力工夫の交易を行ふが如し。又、各国古今の品物を見れば、其国す可きが故に、愚者は自ら励み智者は自ら戒め、以て世の文明を助くること少なからずと云う。

福沢は、国民が切磋琢磨し近代国家をつくる意義を、国民と明治政府に訴えたのである。

第二章　内国博覧会から始まった万国博覧会

1　博覧会の起源

（1）日本最初の博覧会

明治維新以後、明治政府が開国に向けて海外の知識、技術、制度を受け入れる中、国内でも博覧会開催への要望が高まり、明治維新政府も、早い段階で博覧会開催に向けて動き始めた。一八七一（明治四）年九段下の西洋医学所薬園で大学南校主催の物産会が開かれた。京都では同年西本願寺で第一回の京都博覧会が開催された。第二回から第九回までは京都御苑などを会場に行われた。また廃物毀釈によって荒廃した奈良では、一八七五（明治八）年第一回奈良博覧会が東大寺大仏殿及び回廊を会場として開催された。

これらの日本での博覧会に共通しているのは、社寺境内などで行われたことである。博覧会と称しているものの、県内寺社・個人所蔵の文化財を集めた物産会あるいは商品市的なものであった。市は見本市や商品市といわれるように、都市において開催されてきた。日本では戦国時代の楽市楽座があり、城郭を営んだ城主が城下町に市を主催した。定期市になり後に八日市、廿日市など都市の名前にすらなった。中世のヨーロッパでも、城郭都市の中で、城主である王が主催して開催された。

商品市はその場で商品を売買するが、見本市は商品の見本を並べたり実演したりして商品を宣伝するのが主体である。売買をする場合は展示後に商品を受け渡すといった、売り手と買い手が一定の信頼関係の中で行う商取引で、見本市はその場での売買を主体としない近代の博覧会に近い。明治維新以降、早い段階で国内博覧会が開催ができたのは、日本でも開催されてきた見本市の延長で捉えられたからであろう。日本が欧米の文明に追いつくため、長い日本の文化伝統の中の博覧会に従って、欧米の文明を受け入れるという順応の仕方がうまくいったといえる。

日本が近代的万国博覧会を日本の伝統的な社寺境内での市の延長上に、取り入れていったのと同じように、近代的万国博覧会を世界で初めて開催したイギリスやフランスも、すでに一八世紀には、国内での博覧会を幾度も開催していた。

(2)ヨーロッパの博覧会の起源は中世の定期市

歴史をさかのぼると古代のペルシャでは定期市はすでに西暦五世紀頃には開催されていた。より盛んになったのはローマ帝国下の植民地都市で、収穫が始まる季節のお祭りや祝祭日に合わせて市場とお祭りがセットになって催された。定期市はその地域の商業の隆盛と政治的なプロパガンダを発信する場所になっていった。ローマ崩壊後、国王が支配する国家が誕生すると、定期市は国王が産業、経済、技術開発の振興の場、さらに国家の威力を展示する場になった。ドイツではケルンのように教会がイースターの定期市を主催した。ヴェネツィアやジェノバのような商業都市国家では、制覇した地中海を背景にし、大きな商業市を開催した。一三世紀半ばイタリアで最も多くの商船をもっていたヴェネツィアは東方からの産物を船で運び、ヴェネツィアの商人たちによる博覧会を開催した。水の祭典が行われ、聖マルコ広場に向かって大パレードを行い、博覧会は都市の祝祭となった。

近代的な博覧会の開催は、定期市などとは異なった系譜から始まった。最初に先鞭をつけたのは、今から三〇〇年も前のフランスであった。ルイ一四世の財務総監をしていたジャン＝バティスト・コルベールは、一六六七年パリのルーブル宮のサロン（客間）で第一回の博覧会を開催した。フランスのアカデミー主催の美術家の作品を展示するもので、通称「ルーブルのサロン」、省略して「サロン」と呼ぶことになった。当時の百科全書の編集者である思想界の大物のドゥニ・ディドロは次のようにいっている（春山、二〇〇五、三五頁）。

美術の公開展覧会は美術家に競争心をおこさせ、社会のすべての階級の人士、とくに美術の愛好家たちに有益で楽しいレクリエーションを与え、美術の退廃を逆転させ、国民の美術への観賞眼と批評眼を一層高めるのに役立った。

一方、このフランスから一〇〇年遅れの一七六〇年に、イギリスで画家たちの自発的な行動から博覧会が開催された。一七四五年にロンドンに捨子の養育院ができたとき、養老院の設立者の肖像画を含む多くの肖像画や風景画が、養育院を飾るために寄付されたので、感謝の意味を込めて世間に公開したところ、画を見たがった公衆が続々とやってきて、いつのまにかロンドンの見物場所の一つになった。画を寄付した画家たちが養育院の理事になり、養育院に飾った画をさらに増やすように働きかけていった。これが定期的な展覧会に発展していき、アカデミーが組織された。一七五四年に、アカデミーは「美術、工業、商業を助成するための王立協会」が組織され、この協会が主催して展覧会が開催されるようになった。もともとは美術界から発した展覧会であったが、農業、工業、林業その他機械などの展示へ発展していった。そして同時代にイギリスで起こった産業革命と密接に結び付いていた。ただし美術家主導の展覧会が産業博覧会へ転じた動きは、美術家たちを失望させた。美術協会は、展覧会で多くの機械類を懸賞の下で収集し、それらを展示する方向に動いたからであった。

(3) ナポレオン一世の内国博覧会

一方フランスでは、同じ時期の一七八九年にフランス革命が勃発し、それまで国王の下で貴族階級が培ってきた美術工芸品や陶磁器等の産業が破壊される事態になった。フランスの工芸品は、当時世界で最も先進的な技術をもち、産業革命を果たしたイギリスをしのいでいた。それらの製造工程や従事者が革命によって失職し、製品は売れない世の中になった。革命以後の混乱を制したナポレオン一世は失われた産業の復興と戦力の強力化の必要性から、パリで第一回の国内の博覧会を開催した（一七九七年）。出品の業種は、ゴブラン織り、陶器、カーペット、家具、象嵌工芸、時計、芸術的な装本、絹織物、美術品などであった。この博覧会は国家的事業として採択され、近代博覧会の世界最初のものと位置づけられるようになった。しかし展示品における工業製品では、イギリスに後れを取っていた。フランスはこの内国博覧会を一八四四年まで都合一〇回も開催している。ナポレオン一世は、セントヘレナ島に流される一八一五年までの四回の博覧会の主催者であった。

第八回のパリ博では、すでに展示品の分類を次のように規定している（春山、一九六七年、六一頁）。

①　栄養の技芸（人間の存在）
②　衛生の技芸（人間の衛生）
③　衣裳の技芸（衣裳）
④　住居の技芸（家屋、家具）
⑤　運輸の技芸（人間とその荷物の運搬）
⑥　感覚の技芸（人間の感覚に満足を与えることを目的とする技芸）
⑦　知性の技芸（感覚による人間の教育）
⑧　準備の技芸（諸産業のための手段の準備）
⑨　社会的な技芸（共同の利益のための民間ならびに軍事の技芸）

ここで言う技芸はＡｒｔで、技術と芸術と両法に意味が込められている。今日では技術すなわちテクノロジーであり、当時は生産が技芸的で手工業であったことを物語っている。しかし、この分類は、近代的博覧会の構成を決める画期的な構成であった。このような博覧会がヨーロッパの各国で開催されるようになった。各国が工業化へ向けて近代国家形成時期と合わさっていたのである。

2　上野公園での内国勧業博覧会

(1) 第一回内国勧業博覧会は、上野公園から

日本で万国博に代わる内国勧業博覧会の開催の気運をつくったのは、明治維新を推進した大久保利通であった。薩摩の下級武士出身の大久保は明治維新直後から、富国強兵、産業経済の立て直しをスローガンに近代化政策を推進しようとしていった。しかし、鎖国から開国によって輸入超過や金貨流出等を要因とする財政危機に見舞われ、社会的混乱が拡大していった。大久保利通は、一八七三（明治六）年に内務省を設置し、財政危機を乗り切るため殖産興業策を展開した。大久保は幕末の欧米への使節団派遣や万国博覧会参加を通して、博覧会が産業奨励策として有効であることを認識していた。一八七七（明治一〇）年には、西郷重蔵によって、幕府の日本国内の工業化を欧米先進国に学び、産業水準を高めるためにも日本で万国博覧会を開催することが建議されている。しかし、当時の日本の産業水準や国際情勢などは、万国博を開催するだけの国家的実力は十分に育っていなかった。それに

代わるものとして、一八七七年からは近代日本では新しい文明の成果や他国の文化を人々に伝える啓蒙的な役割を果たすものとして内国勧業博覧会が、万国博に代わって政府主催で東京上野公園を会場にして開催されることになった。この決定は、万国博を国内規模に縮小して内国博を開設することにあった。それでも、国内博は、遠い欧米からやってきた技術と、国内各地で機器改良をつづけながらも日の目を見なかった在来技術が出会う場であり、政府はこの二つの技術の優劣を内国博の出品者と入場者たちに比較検討させようという万博並みの水準を保とうとした（国、二〇〇五年、六三頁）。

大久保が経済政策に必死に取り組んでいたにもかかわらず、物価は高騰し物資の不足で失業した武士の多くはその日の生活に困窮するほどになった。社会が混乱する中で、内国博開催の半年前、大久保と同じく明治維新を推進した西郷隆盛が一八七七（明治一〇）年に西南戦争を起こした。内国博延期や中止を訴える声が上がった。しかし、内務少輔前島密は戦争中であっても一地方の動乱に過ぎない。内国博を断行すべしとした。ゆるがない政府を演じなければならなかった。

(2) フィラデルフィア独立一〇〇年記念万国博に大きな影響を受けた

上野公園での第一回内国勧業博覧会は、一八七六（明治九）年アメリカの建国一〇〇年を記念して開かれたフィラデルフィア万博に大きな影響を受けて開催された。イギリスから独立を果たして一〇〇年を経たアメリカは、工業力では世界の最先端を走っていた。アメリカの工業力は、発明の最盛期といわれ、ベルの電話機、実用的なミシン、タイプライターなどが人気を博していた。そのアメリカ

第一回内国勧業博覧会での明治天皇・皇后を迎えての開会式

博覧会が天皇との結びつきで国家の行事として開催された。大久保内務卿がとなりに，右奥は，三条実美太政大臣。

出典：（錦絵）楊州橋本直義（1877），国立国会図書館所蔵。

に工業化の成功を学んで、日本初の内国勧業博覧会を開催した。出品物はフィラデルフィア万博の分類法を模倣、整理して全六区に展示した（一区：鉱業・冶金、二区：製造物、三区：美術〔フィラデルフィアでは教育・知学〕、四区：機械、五区：農業、六区：園芸）。

上野公園の第一回内国勧業博覧会会場において話題を呼んだのが、公園の入り口に設置された内務省出品のアメリカ製の牧場等の飲料水汲み上げ用風車である。また、機械館では蒸気を動力とした製糸機械のデモンストレーションが人気であった。この内国博では、素材・製法・品質・調整・効用・価値・価格などの基準で審査が行われ、優秀作には賞牌・褒状等が授与された。いわば物品調査と産業奨励が同時に行われていたといえる。それでも日本で初めての政府主催の内国博は開会当日の入場者九二二〇人、会期中は四五万人と成功裏に終わった。しかし会期中にコレラが流行し、さらに暴風雨にも見舞われ、会期途中入場者が減少した。

第一回内国勧業博覧会は日本の産業促進に大きな影響を与え、以後の博覧会の原型となった。第一回内国勧業博覧会をきっかけにその後、内国勧業博覧会は、一八八一（明治一四）年上野、一八九〇（明治二三）年上野、一八八五（明治二八）年京都、一九〇三（明治三六）年大阪と五回が開催された。上野公園では、その後も一九〇七（明治四〇）年に東京勧業博覧会、東京大正博覧会一九一四（大正三）年、平和記念東京博覧会一九二二（大正一一）年と、東京府主催の大規模な博覧会が続いた。明治大正の博覧会場は、ほとんど東京か京都であったが、内国勧業博覧会は大阪・名古屋・仙台などで開催され、全国へと広がった。さらに日本の植民地である海外へも広がり始めていた。日本統治下に入った朝鮮と台湾でも、日本統治の成果を示すことを目的とした博覧会が開かれた。既存の公園である上野公園で開催されてきた内国博覧会とは異なった意味をもったのが、第四回の京都と第五回の大阪での内国博覧会であった。両者の博覧会は、それぞれの開催都市の都市改造を伴った点で特筆すべき意味をもっている。

3　京都再興を願った京都建都一一〇〇年記念事業

(1) 京都の工業革命——電力の時代の開幕

第四回内国勧業博覧会は引き続いて一八九四（明治二七）年に東京上野公園で開催される予定であったが、京都市民は京都の建都一一〇〇年の記念事業として、一八九五（明治二八）年に開催することを強く望んだ。

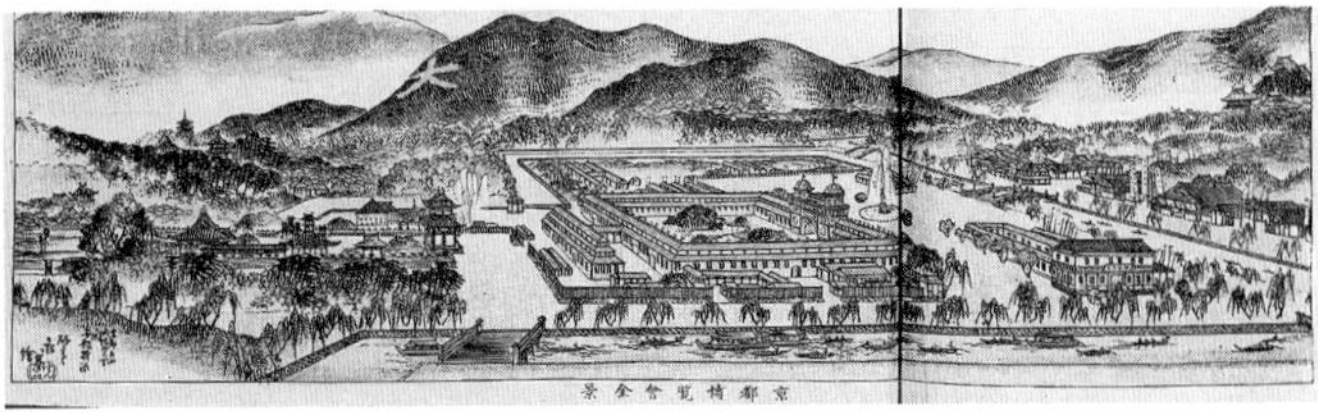

第四回内国勧業博覧会

1915（大正４）年大正天皇即位大礼を記念して岡崎公園を中心に開催された会場。
出典：『風俗画報』94号（1895），国立国会図書館所蔵。

一八九四年には日清戦争が勃発したが、政府は殖産興業政策は戦時中であっても重要であるとし、予定通りの開催を決めた。会場は京都であり、東京を離れての開催は初めてであった。京都市は禁門の変で市中の大半が焼け、明治維新と東京遷都に伴い人口が減少し産業も衰退していた。開催地が京都に決まったのは、東京遷都以降の低迷を内国勧業博覧会の開催によって活性化したいとの強い意向があったからである。また、内国勧業博覧会開催が東京だけではなく東京以外でも利益を生むことを周知させたかった。

すでに、京都では、東京遷都による危機に対処するために、大規模な都市開発にのりだしていた。京都市の再興を願い心血を注いだのが灌漑、上水道、水運、水車の動力を目的とした琵琶湖疏水事業であった。第三代京都府知事の北垣国道はこの事業を最終段階まで完成させ、近代都市京都をアピールした。北垣はこの事業の主任技術者として、工部大学校を卒業したばかりの田邊朔郎を採用し、日本初の営業用水力発電所となる蹴上発電所を建設し、一八九一（明治二四）年に運転を開始させた。京都に電力の時代が訪れ工業革命がおこったのである。この電力を用いて、一八九五（明治二八）年第四回内国勧業博覧会が京都で開催された。京都・伏見間で日本初となる京都電気鉄道の運転が始まった。両疏水を合わせ、一秒当たり二三・六五立方メートルを滋賀県大津市から取水し、約半分が水道用水に、もう半分が水力発電、灌漑、工業用水などに使われた。疏水は琵琶湖から京都市内への水運にも使われた。東山をトンネルで貫通した疏水は、琵琶湖からの物資の輸送を担った。市内の水運に大きな役割を果たした江戸時代の京都を南北に縦断する高瀬川運河以来の水運の開通であった。

（2）平安遷都一一〇〇年紀念祭と第四回内国勧業博覧会

第四回の京都での内国勧業博覧会は、一八九五年、桓武帝が平安の都に遷都してから一一〇〇年にあたり、神武二五五〇年記念祭と連携して企画された。博覧会のシンボルは記念殿（模造大極殿）で、平安遷都一一〇〇年を記念して建設された。記念殿は内国博覧会の目玉として平安京遷都当時の大内裏の一部の復元として計画された。当初は実際に大内裏があった千本丸太町に朱雀門が位置するように計画されたが、用地買収に失敗し、当時は郊外であった岡崎の地に実物の八分の五の規模で復元された。

記念殿は、博覧会に先立って、平城京から平安京への遷都を行った第五〇代桓武天皇を祀る神社として創祀された。現在の平安神宮である。皇紀二六〇〇年にあたる一九四〇（昭和一五）年には、平安京で過ごした最後の天皇である第一二一代孝明天皇が祭神に加えられた。京都での内国博覧会の会場については次のように紹介されている（国立国会図書館「第四回内国博覧会――京都の巻き返し――」

http://www.ndl.go.jp/exposition/s1/naikoku4html にアクセス）。

会場は平安神宮の南に当たり、会場面積は一七万八〇〇〇平方メートル、建物敷地総数は四万七〇〇〇平方メートルであった。会場の正面には大理石製の噴水が建ち、その左右両側に売店が並んだ。建物は、美術館、工業館、農林館、機械館、水産館、動物館の六館が主要なものであり、機械館の動力源はそれまでの石炭から電力に変わった。水産館の前には水産室、今日でいう水族館があり、鰻や鯉、鮒などを見せた。ここでは魚を上から見るというそれまでの方法とは異なり、側面から見ることができるということで珍しがられた。（中略）また、美術館ではフランスから帰った黒田清輝が出品した『朝妝《ちょうしょう》』と題した裸体画（のちに焼失）が、風俗擾乱の大騒動を起こした。（中略）ほかに大きな話題として、会場の外に正式な交通機関として日本ではじめて市街電車が登場したことがある。運行は、京都七条から会場の平安神宮付近と琵琶湖疏水のほとりまで、南の伏見方面にも走り、電力は疎水の水力発電でまかなった。電力時代の幕開けを象徴するものと言えよう。（中略）七万三七八一人の出品人から一六万九〇九八点の出品を得て、入場者数も一一三万六六九五人に達し、大変な賑わいの中で終了した。また、道路・旅宿の整備が進み、京都の観光都市としての基礎が作られた。

注目すべきは、博覧会と並行して行われた衛生事業であった。観光都市は衛生的でなければならないという標語のもと、公衆衛生、赤痢・天然痘・コレラなど伝染病予防対策を徹底した。市民への直接的な衛生事業は、一八九四年夏に、「貧民部落」に大清潔法を施行し、家屋周辺や床下の汚塵除去・石灰散布などを行った。

一九一五（大正四）年一一月の大正天皇即位大礼を記念して、同年一〇月一日から一二月一九日の八〇日間、岡崎公園を中心に、大典記念京都博覧会が催された。主な内容は、京都の生産品展観と文部省主催の美術展覧会だった。財政難や住民の不評などにより計画の変更を余儀なくされ、勧業博に比べて規模は縮小したが、入場者は八六万人にまでなった。

（3）工業団地から庭園都市へ

工業用水としての疏水の水は、東山山麓に山水の雄大な借景のある富豪の別荘地をつくったことも見落としてはならない。無鄰庵、平安神宮神苑、瓢亭、菊水、何有荘、円山公園などの庭園群であり、その水は京都御所や東本願寺の防火用水としても使われている。

そもそも琵琶湖疏水事業の最初の目的は、琵琶湖から引いてきた疏水の水の落差を利用した水車による動力で機械を動かし、工業を興すことであった。しかし、アメリカでは水車から水力発電の時代を迎えているという情報がもたらされ、推力を水車ではなく水の落差による水力発電へと一八八八（明治二一）年に大転換をした。それが蹴上の水力発電所であった。すでに若王子から鹿々谷村一帯を水車動力による工業団地計画はとん挫し、その工場跡地にできたのが南禅寺界隈の疏水の水を利用した別荘庭園群であった。疏水の水車動力の権利を取得していた近江出身の実業家塚本与三次は、工場群を別荘群に変える構想を打ち出したのである。見事な転身である。京都が幕末から明治維新にかけて戦乱で荒廃し、天皇の東京遷都によって人口が激減した時期に、工業化による復興を、山紫水明の都市へと転換したことは、応仁の乱や禁門の変で洛中が焼き払われて以来の都市再生事業に他ならなかった。疏水関連施設のインフラや蹴上の船溜まりの建設地、工業団地は、ほとんどは南禅寺のかつての境内・寺領で、塔頭のほか、畑地や緩衝林として使われていた土地であった。南禅寺は徳川幕府とつながりの深さから、所領地が召し上げられて、新京極も同じ理由で同じ時期に寺領から取り上げられ、京都の復興に活用された。

4　最後にして最大の世界規模の大阪内国博覧会

(1) 欧米の水準に達した大阪での第五回大阪内国勧業博覧会

日本で最初の地方の内国博覧会を京都に譲った大阪は、京都での開催から八年後の一九〇三（明治三六）年に大阪と堺で開催した。大隈重信は一八九五年日清戦争勝利後、「世界大博覧会」を挙行しようと大風呂敷を広げた。日清戦争勝利により日本は世界強国の仲間入りをし、博覧会で殖産事業の奨励ができると檄を飛ばした（国、一六六頁）。

大阪がめざした国内博は、地方での開催の二回目で、京都内国博が京都の再興・復興という京都に限った博覧会であったが、大阪では、明確に世界を相手にした万国博覧会の規模と内容を意識していた。めざしたものの第一は、海外からの出典参加の数。第二は、工業化の成果の発表、第三は、台湾館の設置で、日本が列国と同じ植民地経営を行う近代国家としての意志表示。第四は、大衆への娯楽サービス、第五は、跡地の都市開発である。

このうち最も注目すべきは第一の国際的規模である。将来の万博を意識して建てられた参考館は、それまで認められていなかった諸外国の製品を陳列しており、イギリス、ドイツ、アメリカ、フランス、ロシアなど十数ヶ国が出品した。その中で新しい時代を強く印象づけたのはアメリカ製の八台の自動車であった。参考館には、一四ヶ国、一八地域が出品した（国、一一一頁）。大阪の三年前の一九〇〇年のパリ万博の参加国は三七ヶ国、直前の一九〇二年のグラスゴー万国博は一四ヶ国であったから、大阪の第五回内国博覧会は十分に国際的な博覧会のレベルに達していた。海外からの出品はドイツが一位で、二位がアメリカであった。海外からの出品が多かったのは、日本が工業所有権の保護に関するパリ条約に加盟したからである。出品点数は三万一〇六四点と予想以上であった。この時期にはすでに日本の工業化は海外から多くの技術を取り入れかなり進んでいた。日本の工業化の達成の成果の展示として、会場には、農業館、林業館、水産館、工業館、機械館、教育館、美術館、通運館、動物館等が建てられた。陳列品は殖産と工業製品であった。日本の出展の特徴は二つあった。一つは、工業地域の拡大や機械化進展による工業部門による大量生産の成果すなわち農業国から工業国への転身を図ったこと。もう一つは、植民地の宗主国として台湾館を展示したことである（国、一一〇〇五年、

第五回内国勧業博覧会会場

出典：国立国会図書館所蔵。

一七五頁）。「台湾館の設置」は、日清戦争での植民地としての台湾獲得のお披露目であり、日清戦争の勝利品の展示、台湾からの分捕り品の展示を伴った。

(2) 娯楽性と都市開発事業

植民地支配の状況まで展示した大阪での内国勧業博覧会は、まさに欧米並みの帝国主義国家としての近代化を果たしたことを国の内外に証明して見せたのである。大阪での内国勧業博覧会の主会場は大阪市天王寺今宮で（開催期間：一九〇三（明治三六）年三月一日～七月三一日の一五三日間）、敷地は京都の二倍半、入場者数も四三五万六九三人で、京都の二倍半にも及んだ。博覧会場は、一八九七（明治三〇）年に大阪市へ編入される以前は西成郡今宮村の一部で、畑地や荒地が広がっていた。東に隣接する旧東成郡天王寺村の一部とともに会場敷地となった。日清戦争（一八九四～一八九五年）の勝利により各企業が活発に市場を拡大していたこと、鉄道網がほぼ日本全国にわたったことなどがあり、博覧会への期待は大きく、国内博の最後にして最大の内国勧業博覧会となった。大阪の内国博覧会が欧米並みの万国博覧会といわれた背景には、ほかに二つの大きな要因がある。

第一は大衆への娯楽と文化施設を設けたこと。上野公園や京都での内国博覧会は殖産が全面的に表に出て、いわば生真面目な工業展示の色合いが強かった。しかし、万国博覧会の入場者が大きくなるにつれて、娯楽性を求める機運が、大阪では求められた。これはますます規模を大きくする欧米の万国博覧会の特徴であった。第二は、本格的な都市開発を伴っていたことである。上野や京都では、すでに開設された大規模公園の中や一部の地区の開発を前提にした博覧会であったが、博覧会によってその跡地が大規模公園と都市開発事業に供されたことは、博覧会が都市開発事業と深くかかわり始めたことを示している。

第五回内国博覧会会場

建物にイルミネーションや街灯で，夜もにぎわった。

出典：「風俗画報」265号付録（明治36年）山路勝彦著『大阪賑わいの日々』図版「イルミネーションの光景１」関西学院大学出版会。

建物はこれまでの仮設ではなく漆喰塗りで、美術館は大阪市立自然史博物館としてその後使われている。第二会場として、堺に水族館も建てられた。初めての夜間開場が行われ、会場にはイルミネーションが取り付けられた。大噴水も五色の照明でライトアップされ、エレベーターつきの大林高塔も人気を呼んだ。これらは、日本にも本格的な電力時代が到来したことを示している。また、茶臼山の池のほとりに設けられた飛艇戯（ウォーターシュート）、メリーゴーラウンド、パノラマ世界一周館、不思議館（電灯や火薬を用いた幻想的な舞踏、無線電信、X線、活動写真などを見せた）、大曲馬など、娯楽施設が人気を呼んだ。

堺の水族館は二階建ての本建築で、閉会後は堺水族館として市民に親しまれた。各館は夜間は閉館していたにもかかわらず、多くの入場者はこれらのイルミネーションや余興目当てで来場し、入場者は内国勧業博覧会始まって以来の数を記録した。本来、国内の産業振興を目的としていた内国博は、入場者の消費等による経済効果に重点が置かれるようになり、事実、大阪市は莫大な経済効果を受けた。博覧会は都市を活性化させる手段として重要視された。

（3）跡地の活用——天王寺公園と通天閣

大阪市浪速区の畑地や荒野が広がる地で開催された第五回内国勧業博覧会では、その跡地でも大阪に大きな文化遺産を残した。天王寺公園と新世界である。博覧会跡地は日露戦争中に陸軍が使用したのち、一九〇九（明治四二）年に東側の約五万坪が大阪市によって天王寺公園となった。天王寺公園は大阪市天王寺区茶臼山町にある市立公園で、上町台地の西端に位置しており、総面積は約二八万平方メートル。園内には天王寺動物園や植物温室、大阪市立美術館、慶沢園を擁する大阪を代表する都市公園である。

博覧会跡地の西側の約二万八〇〇〇坪は大阪財界出資の大阪土地建物会社に払い下げられ、一九一二（明治四五）年七月三日、「大阪の新名所」というふれこみでテーマパーク「新世界」が誕生した。新世界は、パリ万博のエッフェル塔とその隣りにニューヨークの遊園地から名前をとった欧米を代表する二大都市の風景を模倣する跡地の都市開発であった。その後もこの地では小規模な国内博覧会が開かれた。一九二五（大正一四）年、「大大阪記念博覧会」であり、一八九万八〇〇〇人が入場した。

街は北から順に、恵美須町一丁目（現・恵美須東一丁目）には南端中央に円形広場を設け、パリの街路に見立てた三方向の放射道路を北へ配すことになった。放射道路は西から順に「恵美須通」（現・通天閣本通）、「玉水通」（現・春日通）、「合邦通」と命名された。北霞町（現・恵美須東二丁目）には北端中央にエッフェル塔を模した塔を建て、「仲町」とも称する中心街区を形成することとした。儒学者である藤沢南岳により「通天閣」と命名された。

南霞町（現・恵美須東三丁目）にはニューヨーク・コニーアイランドのルナパークに似た敷地面積一三万二〇〇〇平方メートルの遊園地を開き「ルナパーク」と命名され、一九一二年に開園し一九二三年まで営業した。初代通天閣から入り口までロープウエイが伸びているなどユニークなつくりであった。高さは二五〇尺（約七五メートル）で、その当時東洋一の高さを誇っていた。大阪で二番目（非貨物専用としては最初）の昇降機が設置され評判となった。現在の二代目と同じように塔側面に巨大ネオン広告があった。当時の広告は「ライオン歯磨」であった。新世界には芝居小屋や映画館、飲食店が集まるようになった。

第三章　幻に終わった戦前の万国博覧会

1　三代続いた万国博覧会開催への願い

（1）万国博誘致の失敗の歴史は、日本の近代化の進展のあゆみである

明治維新以来、一九七〇年の大阪での日本万国博覧会が開催されるまでに、三代の年月を費やした。おおむね三つの時代に日本での万国博覧会開催に挑戦した。それは、日本の国体が海外進出という帝国主義的な政策によって工業化を図り国力を高めていこうとする姿とともにあった。万国博覧会は、産業振興・殖産興業の手段だけでなく国家高揚の道具でもあったからである。同時に、日本の近代化の軌跡でもあった。このような中で、万国博覧会を開催しようという気運は、明治維新以来早々に始まった。そして一九七〇年の万国博覧会まで約一〇〇年の間、二〇～三〇年間隔、人生でいえば三代にわたって万国博覧会の開催を願う試みがなされてきた。しかし、それらのすべては時代の背景や日本が置かれている国際的立場、地勢的位置、国力などによってその都度中止に追い込まれた。つまり

の非成就の歴史は、日本の近代化を達成していく歴史そのものを映し出している。

一九七〇年の大阪万博は、イギリスのロンドンで最初の万国博覧会が一八五一年に開催されてから約一二〇年目、明治維新以来万博誘致を願い始めて約一〇〇年目に当たる。大阪万博は、それまで欧米世界でのみ開催されてきた万国博覧会が非欧米世界で初めて開催された万国博覧会である。この一〇〇年間は日本が工業化による国家形成を必死の決意と努力で欧米に追いつこうとした時間である。この一〇〇年をどう見るか。三代もの長きにわたって万国博覧会が実現したという視点からは、あまりにも長い時間と捉えがちである。しかし、鎖国の開国から始まった日本の欧米並みの近代化を達成できた時間が一〇〇年というのは、欧米が近代化を達成するのに必要だった二〇〇~三〇〇年の時間からみれば、あまりにも短いという見方も成り立つ。

世界最初の万国博覧会は産業革命を起こしたイギリスのロンドンで開催され、工業化の伝播と進展に従ってイギリスからヨーロッパにひろがりアメリカに伝わった。近代化が工業化と同義語であると仮定すれば、万国博覧会の歴史は、欧米主導の近代化である。近代化とはおおよそ次のような特徴を歴史から読みとることができる。

① 産業革命による工業化と科学技術の発達――大量生産と工業汚染
② 国家の形成と民主主義革命・社会主義革命（イデオロギー）
③ 資本主義革命とその進展――ヨーロッパでは一六世紀から

④　帝国主義化——植民地政策（資源エネルギーの確保）と二度にわたる大陸規模の戦争（領土の拡張）
⑤　都市文明——消費文明、大量消費・大量廃棄

以上のような欧米の近代化は、時期的には産業革命の一八世紀中葉から後半頃から始まるが、その近代を生んだ土壌は近世に準備されていた。それはルネッサンスを起源とする時代である。東ローマ帝国の滅亡からルネサンス・宗教改革・大航海時代の一五世紀から一六世紀、そして市民革命・産業革命直前の一八世紀前半の時代。そこでは主権国家体制や絶対王政が確立し、近代国家誕生の礎になった。そして近代が始まる。

近世から近代につながっていく欧米の歴史だが、実は鎖国を経験した日本も同じ道を辿っていたのである。

(2)　日本における工場制手工業・マニュファクチュア工業革命

イギリスは産業革命の前に、農業地帯で農業の技術革命がおこり、農地の生産性を高めるために二回の共有地などの囲い込みを行った。その結果農業生産力が向上し、農業人口が増加した。大量の農民は賃金労働者や浮浪者になって都市に向かった。産業革命以前の都市労働者は、都市での手工業の担い手になった。産業革命は、近世における技術の蓄積と中世のギルドに縛られない多くの賃金労働者によって成し遂げられたのである。日本も、イギリス発の産業革命の工業化を受け入れる前に、資本主義的な工業生産の着実な発展をしており、プレ工業時代ともいえる。摂津の伊丹、灘の酒造業、

大坂、西陣、尾張の綿織物業、桐生、足利の絹織物業などである。江戸時代後期の文化・文政期（一八〇四〔文化元〕年・一八一八〔文政元〕年）、江戸の経済的な繁栄を背景に、都市に生活する人々の活力に支えられ広まった。江戸は最大の消費都市として上方と並ぶ全国経済の中心地になった。商人が張り巡らした全国的な商品流通網は、都市と地方を文化の面でも結びつけ、学者・文人の全国的な交流、教育、出版の発展、神仏信仰に基づく寺社参詣の流行などがあった。漢訳洋書や蘭書から学んでいて、洋学は庶民にもかなり浸透していた。オランダ通詞志筑忠雄（一七六〇〜一八〇六）は、『暦象新書』を訳述して、ニュートンの万有引力やコペルニクスの地動説を紹介している。伊能忠敬（一七四五〜一八一八）は精度の高い「大日本沿海輿地全図」を作成した。都市文化が江戸を中心に開花した。寺社境内や広小路、防火用の空地などに見世物小屋が立ち、野外でも芸能が演じられ、盛り場がにぎわった。寺院は修繕費や経営費を得るため、縁日や開帳を催して民衆を境内に集めようとした。日本は、近代の始まりとなる産業革命における工業革命こそしなかったが、プレ工業時代の手工業革命を、ヨーロッパの近世と同じ時期に達成していたのである。この下地があったからこそ、日本は欧米の工業化の波をかぶっても、その波を日本の近代化に上手に利用し、工業化をたかだか一〇〇年で達成したと言える。鎖国の日本から初めて万国博を見たイギリスとフランスへの使節団は、工業化された建築、交通機関、運河、都市を見て目を見張り、文明の進歩に驚嘆したが、その文明の力に打ちひしがれなかった。万国博の日本人の日本への誘致運動は、欧米の工業化モデルを早く受け入れ、日本の近代化を推進するための国家をあげての思考・実践学習であったからである。

2　第一世代の日本への万国博覧会誘致

(1) 「日本盟主論」によるアジア万国博の起案

第一世代の万国博覧会誘致運動は、明治維新から数年も経ていない時期から始まった。明治政府は一八七三（明治六）年に開催されるオーストリアのウィーン万博に招請され、参加を決めていた。幕末の混乱の時代の一八六二（文久二）年ロンドン万博に江戸幕府が日本として初めて参加して以来、わずか一〇年も経ずしての参加である。ウィーン万博の参加の準備を進めていたウィーン万博副総裁の佐野常民は、オーストリアの万国博に強い感銘を受けて、万博の日本での開催を強く進言した。ウィーン博は、君主の在位が一定年に達したことを記念した博覧会で、オーストリアのフランツ・ヨーゼフ皇帝の治世二五年を記念したものであった。明治政府が正式に参加するはじめての万博とあって、日本が天皇を中心にした国体を革命によって成し遂げたことを、国の内外に示す絶好の機会と捉えたのである。

佐野は一八七七年を期して東京日比谷で条約締盟国を誘致した国際博覧会の開催を提言し、その経費を五〇万円と見積もった。この時点の日本の条約締盟国は、幕末に修好通商条約を締結したアメリカ、イギリスなど一一ヶ国、明治に入ってからスウェーデン、ノルウエー、スペイン、オーストリア、ハンガリー、ドイツ北部連合などであり、すべての締盟国を招致すれば数の上では万国博覧会と変わらなくなるというのが佐野の言い分であった。佐野はウィーンから帰国するや、一八七五（明治八）年に政府に「東京大博物館建設之報告書」を提出し、博物館建設と博覧会開催（一八八〇年）を建議した。佐野は亜細亜大博覧会（以下、アジア博）の開催をめざしていた。物品比較の範囲をアジアまで拡大し産業を奨励し、アジア経済全体を底上げすることによって欧米をしのごうとしたのである。アジアの近代化を先導する「日本盟主論」であった。

日本では第一回の上野公園で開催された内国博覧会一八七七（明治一〇）年は成功裏に終わっていた。翌年の一八七八（明治一一）年にはパリで万博が開催され、日本からも出品している。フィラデルフィア、パリとつづく欧米での万国博覧会の盛況もあいまって、万国博覧会がその国の産業振興に大きく寄与する効果が理解されてきた。二回目の国内博覧会もその規模を拡大することをめざし、そのさきは、日本で万国博覧会を開催する夢が広がった。第二回内国勧業博覧会終了後の一八八一年、一八八五年に予定されている第三回目の内国博を契機に日本でも万国博覧会を開催しようという夢を語り始めたのである。それが「亞細亜大博覧会」構想である。

亜細亜大博覧会のめざすところは、より多くの海外の物品と比較する機会をつくることであった。アジアの復興策つまり、販路拡大、輸出促進、アジア経済全体の底上げによって、ヨーロッパを凌駕しアジアの盟主になろうと目論んだ万国博覧会開催構想であった。

(2) 幻のアジア博覧会——神武天皇紀元二五五〇年祭

亜細亜大博覧会の開催の気運は、第三回上野での内国勧業博覧会の一八八五(明治一八)年に盛り上がった。一八九〇年の国会開設という近代国家への大きな事業も、その気運をあと押しした。国会開設は明治天皇が一八八一(明治一四)年に勅諭を出し、一八九〇(明治二三)年に議員を召して国会(議会)を開設し、欽定憲法を定めることを表明したことによる。イギリス流の議員内閣制か、ドイツ流の君主大権を残したビスマルク憲法を範とすべきかで大きな対立があったが、日本は近代国家にふさわしい議会をつくる転機を迎えた時期であった。国会開設は国体をどうするかという国を挙げた大きな政治のできごとである。そのような国家の動向に合わせて、亜細亜大博覧会が起案された。一八九〇年に亜細亜大博覧会を開催する建議をしたのは西郷従道であった。一八九〇年は神武天皇紀元二五五〇年に相当し、米国独立一〇〇年、豪州建国一〇〇年祭のように紀元祭を開くべしとした。しかし、万国博覧会誘致に莫大な費用が必要なこと、万国博覧会を開催しても韓国や中国からは出品に十分な工業製品がないこと、財政難や国会開設などの政治を優先するなどの理由で、アジア博の案は頓挫した。その代わりとして一八九〇年第三回内国勧業博覧会が上野公園で開催された。内国勧業博覧会中は戦争はなかったが、疫病、天候不順、恐慌、選挙で入場者は少なく、大量の売れ残りがでた。しかし、入場者は一〇〇万人を突破し、入場者による経済効果があったため、京都、大阪への誘致競争が激化した。こうして幕末から明治維新の政治改革を経て国家形成期に至る三〇年間の万国博覧会の日本への第一世代による誘致運動は、アジア博が幻になったことで頓挫した。

3　第二世代の万国博覧会誘致運動

(1) 日露戦争勝利と明治天皇皇帝在位四五周年記念万国博覧会

一九〇三（明治三六）年大阪で行われた第五回内国勧業博覧会で一四ヶ国の外国の参加もあり、日本で万国博覧会並の規模の成功をしたことで、日本への万国博覧会誘致の第二世代の人々は、万国博覧会の誘致には自信を得ていた。そして一層、万国博覧会の誘致に熱を高まらせるできごとが日本を取り巻く世界情勢の中でおこっていた。第五回内国勧業博覧会の翌年の一九〇四（明治三七）年、一一〇万人の兵力を動員し、死傷者二〇万人を出しながらも日露戦争で勝利したのである。東アジアの片隅にある有色人種が白人の大国を撃破したことは、オスマン帝国（トルコ）、中国、インド、フィンランド等の民族運動に大きな影響を与えた。日露戦争勝利は、さらに大陸侵攻を本格化させた。同年韓国の併合、翌年の一九〇五（明治三八）年には日英同盟の締結を行い、日本は本格的に帝国主義的国家建設に入っていった。

このような気運の中で、一九〇七（明治四〇）年、金子堅太郎日本大博覧会会長は「日本大博覧会の方針」と題する演説を行い、その目的を四つ（①経済的研究、②世界的教育、③国家的祭礼、④外交的会同）挙げた。

金子のねらいは、万国博覧会によって各国の産業を研究し、貿易を促進させ、教育の場として活用し、また入場する各国民に娯楽を与える場となし、これらをもって各国との親密な交際を図るというものであった。政府は総経費一〇〇〇円を予定し、一九〇七年三月に万国博覧会開催のための事務局を発足させた。（白幡、一九八五年、一七六頁）第一次世界大戦の開始も一〇年先に迫っていた。世界各国が、帝国主義の闘いで領土を拡張しようとする中、戦争のための武器、情報収集、運輸などの技術開発にしのぎを削っていた。これらの秘術開発の成果である展示物すなわち武器、大砲などは、万国博覧会の展示物であった。このような世界情勢の中、近代国家としてのし上がってきた帝政ロシアを打ち破った日本国家の高揚した気分を万国博覧会開催に結びつけようとした。

一九一二（明治四五）年、明治天皇の即位四五年を記念して東京の青山から代々木一帯を会場に、四月一日から一〇月三一日までの会期を予定していた日本大博覧会である。

（2）日本帝国主義国家への道

日露戦争の勝利は、日清戦争による莫大な賠償金五〇〇〇万円を軍備の拡張と産業の振興に使って、日本における産業革命をおこすことに成功した結果であった。空前の好景気が訪れた。一八七〇年代のウイーン万博で、飛び杼の技術が輸入され、綿織物業が盛んになった。イギリスから蒸気機関を原動力とする紡績機械を導入して大規模な生産が可能になった。重工業では、一九〇一年に八幡製鉄所が開業した。貿易では、輸出の主な相手国はアメリカが一位、二位は清国であった。日本が高度の経済成長を遂げ工業国へ着実に進んでいることを物語っている。

日本の近代資本主義化が、極めて短期間に達成されたのには、近世日本のマニュファクチュアの下地があった。政府による近代産業育成政策に後押しされ、欧米先進国から高い水準の経済制度・技術・機械・知識などを導入し、移植することに成功したからである。しかも、その達成の仕方は外国資本に依存するのではなく、ほとんど自前で巨額の資金を調達したところに、日本の産業革命の成功があった。工業化への着実な一歩が記されたのである。こうした背景のもとに、日本は帝国主義化への道をあゆみ始めた。

日本の帝国主義化は、ヨーロッパ諸国のように植民地政策による海外進出ではなく、ロシアや清国との国際政治から大陸進出をしていった。その経緯の中で欧米の帝国主義―侵略主義、体外的な勢力拡張政策を採用した。それは、独占資本主義段階における積極的な体外膨張政策の踏襲であった。この過程で生産の独占集中・金融資本の支配・資本の輸出などの経済的特色を強め、これらを背景にした武力による海外植民地設定・領土拡張政策など一九世紀末期から帝国主義が始まった世界の動きの中で、日本は近代化にまい進した。日本は日露戦争から帝国主義に入ったのである。

（3）第一次世界大戦と関東大震災で幻となった

万国博覧会は一九一二（明治四五）年開催を目標として計画が進められ、アメリカから二人の専門家を招聘してその準備研究を行わせた。準備は進み、いよいよ各国宛てに正式招請状を発送する段になって、これを推進してきた西園寺内閣に代わり桂内閣が登場した。日露戦争後におこった事業ブームの反動で、財界はひどい不景気に陥っていた。桂内閣は財源確保が困難であるとして、一九一二（明治四五）年にいたるとさらにこれは無期延期となり、事務局も廃止された。開催は大きな負担を伴うものであり不可能となった。一九一七（明治五〇）年に開催を引きのばしたが、天皇の御崩御や第一次世界大戦の勃発（一九一四年）などで、ついに中止の決断が下った。第一次世界大戦後も万国博覧会の夢は捨てられなかったが、さらに、関東大震災が一九二三（大正一二）年におこり、万国博覧会の開催のチャンスは到来しなかった。結局万国博覧会はならず、国内博になった（白幡、一七六頁）。

4　国威発揚の道具とされた万国博

（1）国威発揚の万国博覧会――共産主義ソ連とナチスドイツのにらみ合い

万国博覧会誘致の三代目は、太平洋戦争が始まる前の時期であった。二世代目が第一次世界大戦の前であったのと時期は相似している。二代目の時期の世界大戦は、ヨーロッパが舞台であったが、三代目は、日本、アジアも世界戦争の舞台になり、おまけに日本はその渦中の国家になっていた。世界的な戦争は、その勝者になるために、国家を挙げての総力戦であり、その国力を蓄えるために殖産興業、武器の開発が不可欠であった。万国博覧会の開催は、戦争と切り離せない体質をもっている。戦争に勝利するための国威高揚であると同時に、戦争が始まると平和な時代の祝祭、万国博覧会は中止に追いやられる。

政治的目的を万国博覧会に託そうとしたのは、ヒットラーであった。ベルリンを大改造させ、街頭に第三帝国様式の建築群を林立させた。ベルリンを世界都市に変貌させナチス政権による世界制覇をベルリンの壮麗な政治都市として顕示することが目的であった。その目玉の演出がベルリンでの一九五〇年の万国博覧会の開催であった。しかし、ナチス政権はその時が来るまでに崩壊し万国博覧会は幻に終わった。

ちなみに、一九三七年に開催された七回目のパリ万博で、エッフェル塔を挟んでソ連館と対峙したドイツ館を設計した建築家は、ベルリンを改造した同じ建築家のアルバート・シュペールであった。第二次大戦前最後の博覧会で、フランスやドイツ、イタリア、ソビエト連邦、スペイン、日本、アメリカなど世界各国から四四ヶ国が参加し、一八五日間の会期中三一〇四万人が入場した。閉会から二年も経たずに勃発した第二次世界大戦前の不穏な世界状況を反映していた。万国博会場は、

パリ万博（1937年）

ドイツとソビエト連邦のパビリオンがエッフェル塔を介してにらみ合っている。

出典：『国際建築』1937年10月号。

国威発揚の宣伝の場とされた。当時、第一次世界大戦の敗北から急速に立ち直ったナチス・ドイツと、共産主義として諸外国に対して国力を見せつけようとしたソビエト連邦がヨーロッパにおける覇権の真っ最中であり、国際的な緊張がパリ万博に持ち込まれた。ドイツとソビエト連邦のパビリオンが向かい合って建てられていたことは象徴的である。また、当時はスペイン内戦のさなかであり、スペイン第二共和政府によるスペイン館には、ピカソの「ゲルニカ」が出展された。

（2）幻のファシズム体制下の万国博覧会

ファシズム体制下のイタリアは、ファシストのクーデターが成功して二〇年目に当たる一九四二年にローマ万国博（ムッソリーニの万国博）を予定していた。政治的意図を強く押し出していた。ヒットラーは一九五〇年にベルリンでの万国博覧会開催を目論み、宣言しただけであったが、ローマ万国博は実際に計画をして模型までつくった。会場はローマ郊外の荒野に設定され、現地では各種のパビリオンまで建設が進んでいた。ローマ万国博は、エウル（ＥＵＲ）と呼ばれた。しかし、完成を前にしてイタリアは第二次世界大戦に参戦し、万国博覧会は幻に終わった。

ソ連とドイツ、イタリアはパビリオンをなによりもプロパガンダの道具と考えていた。一九三七年のパリ博の三年後の一九四〇年、アドルフ・ヒットラーはパリを征服した。パリを短期訪問した際、宮殿の前で第四回パリ博で世界にその名を馳せたパリのシンボル・エッフェル塔を背景に写真撮影し、その写真は第二次世界大戦の象徴的なイメージとなった。一九四八年一二月に世界人権宣言をシャイヨー宮で行い、現在はそれを記念する記念碑があり、この前の大通りは「人権大通り」と呼ばれている。

5　幻に終わった第三代世代の紀元二六〇〇年記念万国博覧会

(1) 第三世代の神武天皇即位紀元二六〇〇年記念万博

ヨーロッパが舞台であった第一次世界大戦中は好景気に沸いたが、大戦によって生まれた好景気は、大戦が終わると泡のように消えた。欧米の生産力が回復してくると、日本の貿易は赤字に転じ、一九二〇（大正九）年に戦後恐慌に陥った。一九二三（大正一二）年関東大震災に見舞われた。一九二七（昭和二）年銀行への取りつけ騒ぎがおこり、金融恐慌が始まった。このような時期に、日本は第三世代の万国博覧会誘致の最終章が始まった。欧米の列強に伍して、様々な困難を克服し国力を回復し、産業復興に向けて邁進しようとする気運が芽生えてきた。

一九二六（大正一五・昭和元）年には、これまで内国博の準備や、海外博覧会の参加に苦心してきた人々が集まって博覧会倶楽部が設立された。会長に

神武天皇即位2600年の祝賀の日本万国博覧会ポスター

出典：『萬博』1940年刊。

なった男爵の平山成信は、ウィーン万博の参加者であった。その体験を活かし日本における万国博覧会のリーダーをつとめた。一九二八（昭和三）年には彼らは「海外博覧会参同資料」を刊行し始め、翌四年には、震災復興を記念して万国博覧会を開催することを求めた建議書を首相宛てに提出した。さらに翌一九三〇（昭和五）年には、博覧会倶楽部が中心となり、実業界の諸団体が加わって万国博覧会開催を準備するための協議会を発足させた。このとき博覧会倶楽部会長であった土木学会の重鎮古市公威は、首相浜口に万国博開催を説いた。古市案は一九三五（昭和一〇）年に、東京・横浜を中心に万国博を開くというもので、後の紀元二六〇〇年万国博のプランのもとになったものである。一九四〇（昭和一五）年が皇紀二六〇〇年に当たるので、これを開こうという意見も出てきた。一九三一（昭和六）年三月、国会は万国博開催の建議案を採択し、この計画は大きく推進されたかにみえた。開催の目的は、当面の経済的行き詰まりを打開するとされたが、他方で万国博覧会という国際的行事を行うことにより国家の力量を示したいという、国威発揚の意識も働いていた。

紀元二六〇〇年記念事業は、神武天皇即位紀元二六〇〇年を祝賀する一連の行事であり、神国日本の国体観念を国内外に徹底させようとする動きの中で起案された。国内の不況、金融恐慌の中、国外では満州への侵略に国の発展を託す帝国主義の闘いの渦中にあった。この動きを国体の内外の高揚のために、国民を鼓舞する意味を込めて発案がされたのが神武天皇即位紀元二六〇〇年の祝賀であり、それと呼応して開催しようとしたのが万国博覧会であった。極めて政治的な国家主導の万国博覧会の起案であった。このような背景の中で、アジアの代表国家として広く欧米諸国からの参加や出展を求め、日本の国力と「国体」を全国民に広めるとともに、民族の誇りと理想の火を高く掲げようとした国際的行事の開催が模索された。実際に大規模なイベントの開催が正式に決定していた。

会場には、東京湾内月島の埋め立て地一〇〇万坪と横浜港内の埋め立て地が予定されていた。いずれも関東大震災のガレキによる埋め立て地である。会場の中心に建つ建国記念館は建築学会に依頼され、競技設計（コンペ）が行われた。選考委員には建築学会の重鎮、伊東忠太・佐野利器・武田伍一・内田祥三・大熊喜邦らが顔を並べる。一等当選作は神社建築の上にさらに塔を載せたもので、日本をあくまで強調したものである。

会場準備も着々と進んでいた。会場はみな埋め立て地である。樹木はすべて植樹しなければならない。そこで、千葉県松戸市八柱に、会場の植樹のための樹木を育てる苗圃が開かれ、植木三〇万本余りが準備された。現在東京都営八柱霊園の一部である（白幡、一九八五年、一七六頁）。

（2）幻の万国博覧会

中国では関東軍による張作霖爆殺事件がおき、さらに、一九三一（昭和六）年満州事変がおこる。満州事変は不拡大方針とは逆に広がる一方であり、一九三二（昭和七）年には満州国建国が宣言され、国内的には五・一五事件など社会不安と経済界の動揺がみられた。このような臨戦国家体制にもかかわらず、一九三四年（昭和九）年には、一九四〇（昭和一五）年の万国博覧会の開催が決まった。さきの協議会をもとに結成されていた民間の万国博覧会協議会に関係官庁や自治体が加わり、日本万国博覧会協会が設立され、初代会長に東京市長が就任した。

同年秋の満州事変勃発のため、一九三五（昭和一〇）年には早くも万国博覧会の日本での開催には不安がもたれた。世界の風雲はようやく急を告げていた。一九三三年（昭和八）年には、日本は国際連盟を脱退していた。日中戦争は拡大の一途をたどり、一九三六（昭和一一）年一〇月以降、時の商工大臣が東京市長にかわって日本万国博覧会協会会長の職に就くことになり、国家主導によって開催実現をめざした。一九四〇（昭和一五）年の日本万国博覧会の計画は、一九三八（昭和一三）年まで極めて精力的に進められた。海外への招請使節団の派遣、会場計画の作成、前売入場券の発売も行われた。しかし一九三七（昭和一二）年には日中戦争が始まり、ついに一九三八年（昭和一三）年七月、政府は万国博一時延期の閣議決定に追い込まれた。だが当時の日本の状況からみて、一時延期の決定は実際は中止を意味していた。政府は一九四〇年の記念事業を国威発揚の紀元二六〇〇年記念式典一本にしぼり、万国博はほとんどすみに押しやられた。この時期、幻となった万国博覧会は、一九三六（昭和一一）年イタリア、ドイツと三国同盟、イタリア一九四二年万国博覧会開催予定のものであった。

6　工業化の成果ではなく、エキゾチシズムに甘んじた

(1) 手工芸製品とエキゾチシズムに徹した出品

日本は三代にわたって工業技術の世界の最先端の成果を展示する万国博覧会を日本に誘致しようと

してきた。しかし、その誘致運動はことごとく幻に終わった。万国博覧会は主催国がその時代の最先端の工業技術と工業製品の展示場であり、国内外へ宣伝し貿易によって国力を高める場である。しかし、日本は一二〇年の間、欧米の先進工業国並みの工業力の水準には達していなかった。日本での万国博覧会誘致が失敗に終わった最大の理由もそこにあった。しかし、一方で万国博へは、一八六二年のロンドン万博以来、ほとんど切れ目なく出展者として参加している。工業化に遅れた国が、最先端技術を展示する万国博覧会に、何を出展するか。日本が出した答えは、最先端の工業技術ではなく、伝統文化や高度に洗練された手工業製品であった。園田英弘は万国博覧会への日本の出展について「日本イメージの演出」の中で次のように述べている（園田、一九八五年、一四三頁）。

オールコックが出品した日本コーナー

出典：京都大学大学院農学研究科所蔵。

> 植民地としての参加ではなく、自己を演出できるフリー・ハンドをもった独立国として参加した日本には、どのような選択が残されていたのであろうか。万国博で自己主張を最大限に発揮できる合理的な戦略を考えてみよう。一九世紀の日本では、工業文明という土俵で勝負することは、あまりに不利であった。背のびして工業製品を出品し

ても、三流・四流の評価しかかちとることはできなかったであろう。それならばいっそうのこと、このような場での勝負は回避し、異質性を堂々と主張しうる「文化」で自己演出したほうが賢明である。自尊心が強く、しかも、世界の状況を見るのに敏であった明治の日本人は、このような選択をしたものと思われる。そして、このような戦略は、西洋の側での日本への期待とも合致するものであった。

工業文明の先進国としての西洋先進国が、文明の中心からはるかに隔たる日本に期待したのは、彼らと同様の「文明」などではなく、エキゾチックな「文化」であった。フジヤマ・ゲイシャという周知のイメージなども、西洋諸国の日本への期待と日本側の自己演出の共同成作ではなかろうか。

(2) オールコックとワグネルの選定

最先端の工業技術や工業製品の代わりに、日本が万国博覧会に出品したのは、日本の伝統工芸品や日本の伝統建築・日本庭園など日本の文化の出品であった。その出品の品定めをしたのは、日本人ではなく万国博覧会の事情を知り抜いた外国人で、イギリス人のオールコック（R. Alcock）とドイツ人のワグネル（G. Wagener）であった。日本は一八六二年ロンドン万博では、オールコック自身が収集したものを展示した。出品されたものは、漆器、木象嵌、竹細工、陶磁器など。この万博には、日本の工芸品が展示されていた。これらの工芸品を高く評価し、日本の美術工芸品はヨーロッパのそれと十分に太刀打できるとしている。これらは、ヨーロッパの人々には絶賛されたが、そのロンドン博を訪れた日本使節団の感想は違った。一行のうちの一人、淵辺徳蔵は『欧行日記』に「全く骨董品の如く雑具」だと嘆き、「かくの如き粗物のみを出せしなり」と書き残している。ロンドンの人々には賞賛されたのだが、日本からの使節団は、一流品でない粗末なモノと展示品を一蹴した。日本は、エキゾチズムでのみ勝負していると見られてしまった。オールコックもその点をわきまえていた。西欧文化から見る日本の出展品は、工業製品での技術で勝負できなかった。だから西欧にない日本の文化を展示するしかなかった。一八六七年のパリ万博では日本人初めての参加であったが、そこでは芸者、サムライ、寺院の出展であった。一八七三年のウイーン万博では、政府として出展をした。一三〇〇坪ほどの敷地に神社と日本庭園をつくり、白木の鳥居、奥に神殿、神楽堂や反り橋を配置した。産業館にも浮世絵や工芸品を展示し、名古屋城の金鯱、鎌倉大仏の模型、高さ四メートルほどの東京谷中天王寺五重塔模型や直径二メートルの大太鼓、直径四メートルの浪に竜を描いた提灯などが人目を引いた。ワグネルは、日本では近代工業が未発達であるため、西洋の模倣でしかない機械製品よりも、日本的で精巧な美術工芸品を中心に出展したほうがよいと判断し、日本全国から優れた工芸品を買い上げた。人目を引く大きなものがよいと勧めた。彼らの目論見通り、神社と日本庭園は大いに評判となり、展示物も飛ぶように売れ、うちわは一週間に数千本を売りつくした。皇帝フランツ・ヨーゼフ一世と皇后エリーザベトも来場し、建設中の反り橋の渡り初めを行った。一行はカンナの削りくずに興味をもち、女官にていねいに折りたたんでもってかえらせたといわれている。万博終了時には、イギリスのアレキサンドル・パーク商社が日本庭園の建物のみならず、木や石のすべてを買いあげるほどであった。

（3）エキゾチシズムからの脱却——前川国男と坂倉準三

エキゾチシズムすなわち日本の文化の独自性に偏りがちであった万国博覧会の日本の参加態度に変革をもたらした事件が一九三七年パリの七回目の万国博覧会であった。会場ではソビエト連邦とナチスドイツのパビリオンがエッフェル塔を介してにらみ合っていた。太平洋戦争が起こる直前の万国博覧会であった。日本が欧米並みの近代化を達成していると自負し始めた時代である。この万国博覧会に、日本政府商工省・商業会議所・国際文化振興会・日本産業協会からなる「パリ博覧会協会」（岸田日出刀委員長）が設立し、日本館の設計の指名コンペを実施し、建築家前川国男を選んだ。前川は一九二八（昭和三）年東京帝国大学建築学科を卒業後、パリのル・コルビジェ事務所に入所し、一九三〇（昭和五）年に前年渡仏した坂倉準三と入れ替わりに帰国した。翌年一九三一（昭和六）年東京帝室博物館公開コンペに落選覚悟で計画案を提出したことで、建築家として鮮烈なデビューを果たしていた（井上、一五四頁）。

前川は、鉄とガラスによる斬新なデザイン案を提出した。「日本文化を世界に宣揚するに足る」造形を期待していた協会はこの案を拒否した。前川案は日本文化を表現していないという理由で外されたのである。前川は猛然と抗議をした。若き日本の建築家も、フジヤマと芸者の観光事業的イメージで日本館を表現すべきではないと訴えた。その後、出展時期も迫ってきたため、パリに留学しパリの建築事情をよく知り、前年にパリから帰ってきたばかりの坂倉準三に設計を依頼した。設計案は、後戻りできない時期に発表され、その形態は、日本の伝統的な屋根ではなく、陸屋根のモダンなものであった。これが明らかになると、発注した当局は坂倉を非難したが、時すでに遅くパリでの工事は発

前川国男による日本館の設計図（パリ万博 1937年）

出典：『国際建築』1936年９月号。

日本庭園にたつ金閣寺風の建物
（セントルイス万博 1904年）

出典：京都大学人文科学研究所所蔵。

注され、万国博覧会に合わせて、竣工してしまった。坂倉案は、伝統的な和風デザインを、陸屋根のコンクリート建築の中に溶け込まそうとしたものであった。日本政府は、コンクールに坂倉案を出す手続きをしなかった。しかし、現地では、坂倉案に代わる日本の伝統的な建築案を設計する時間的な余裕はなく、坂倉案にそって日本館は建設された。コンクールの審査委員長は坂倉案の日本館にグランプリを与えた。ル・コルビジェは一九二五年の万国博覧会で「エスプリ・ヌーボー館」を展示している。これは従来の西欧の様式を打ち破ったコンクリートとガラスのあたらしい住居の提案であった。このような欧米の思潮に沿ったものとして坂倉案は賞を獲得した。しかし、日本政府はそれをよしとしなかった。

第四章　アジア初の万国博覧会——大阪万博開催

1　一〇〇年目に、念願の万国博覧会が、日本に来た！

（1）時代を画する発明発見を披露する万国博覧会

なぜ、第一回に開催されたロンドン万博から大阪万博まで約一二〇年もの長い年月がかかったのか。それは明らかに日本の工業化の遅れである。近代化は工業力と国家形成力の相乗力学の成果でありプロセスである。万国博覧会の開催から見るとき、万国博覧会は帝国主義による植民地支配という欧米主導のグローバル化のシナリオで開催されてきた歴史であった。万国博を開催できる条件は四つに絞られる。第一は万国博覧会を開催するに足る工業化の達成度。第二は国力。第三は世界から見ての信用力である。第四は、万国博会場建設と運営能力である。日本が万国博覧会を永年にわたって開催できなかったのは、日本初の工業技術、工業製品が生まれなかったからだ。第三世代の日本への万国博覧会誘致の時代でさえ、欧米の技術の導入による日本での工業化であった。新しい技術開発で世界をリードする国力があって初めて万国博覧会を開催できる資格をもつことができる。欧米は万国博覧会をロンドンで開催以来、技術革新で終始世界をリードしてきた。その一端を見てみる。

ロンドンで開かれた一八五一年の万国博覧会は、イギリスで始まった産業革命の集大成。従来の水車に代わり、鉄と石炭で代表されるエネルギーはジェームズ・ワットによって完成された蒸気機関であった。施盤・平削盤・ポール盤・歯切盤・ねじ切盤などの工作機械はイギリスの最も重要な工業の発明品であった。マスプロ生産技術の大革新であった。回転式の渦巻きポンプは、干拓事業や船、ドッグなどの給排水に広く使われた。情報時代の先駆けとなった新聞の大量の連続印刷技術が開発され、輪転機は実際に博覧会で使われた。一八五三年のニューヨーク博では、オーチスのエレベーターが展示され、機械体系の発達が認められた（出水、一九八五年、一〇五頁）。

一八七六年のアメリカ独立一〇〇年のフィラデルフィア博では機械館中央に展示された高さ一二メートルの超大型蒸気機関は、同じ機械館の中に設置された多くの機械群の動力となった。展示の主役は蒸気エネルギーの駆動力で、その力を見せつけた。アメリカの万国博覧会の特徴は発明品が多かったことで、とりわけ一八六七年のフィラデルフィア万博では、発明の最盛期であった。ベルの電話、ウェスティングハウスの空気制動機や実用的なミシン、タイプライターなどが人気を博した。

一八九三年のシカゴのコロンブス万博は、アメリカ発見四〇〇年を記念する万国博覧会であった。会場はミシガン州に設けられた。会場とシカゴ市内を結ぶ交通は、電車・汽車のほかに高架電車が出現した。第四回のパリ博が電気の時代の予告であったが、シカゴ博では高架電車に代表される電気エネルギーを世に知らしめた。会場への発送電のシステムは家庭配電の道を開いた。一八六〇年に発明されていたドイツの継ぎ目なしの鋼管の製造法の公開は、機械技術に大きな躍進であった（白幡、一九八五年、六八頁）。

一九〇四年のアメリカのセントルイス万博では、最大の呼び物は一六〇台にものぼる自動車の展示であった。一八九三年のシカゴ万博はわずか一台に過ぎなかったにもかかわらず、数年の間に自動車大衆社会が到来していた。大量生産方式は、一九世紀初めの軍用ライフル銃の互換性生産方式に始まり、耕作機械の開発を促し、ミシン・タイプライター・電化製品の大衆用機械の量産技術が、各機械の部品の標準化・規格化によって確立された。この究極の姿が、アメリカ式生産方式といえるT型フォードの製造に代表される流れ作業で、あらゆる工業生産部門に影響を与えた。二〇世紀の工業文明を形成した。

（2）ようやく、一九七〇年に万博開催の念願が果たされた

工業力の水準についで、万博開催のさらに重要な要件は、開催国が置かれている国際的な信用力である。万国博覧会の開催は一国を挙げた総合力が試される。より厳しい国際的基準すなわち近代国家として世界の平和に貢献しているかどうかということ。つまり、帝国主義的な国家として他国に戦争を仕掛けたり、対立をしていないかどうかという国際的な信頼の問題である。万国博覧会には、他の多くの国からの参加が見込まれる。参加国が多彩で多いほど、万国博覧会の趣旨である文明と人類の

祭典の意義が高まるからである。そのためには、各国が平和を追求する理念をもっていなければならない。

日本は、明治維新後数年を待たずに、万国博覧会の日本での開催の声を挙げてきた。三世代にわたって万国博覧会の誘致運動を熱心に行ってきた。しかし、三世代の誘致運動はむなしく、すべて幻になった。その理由は、財政や国力の問題があったが、侵略戦争の首謀者に加担し、国際的な平和をつくりだす流れに乗らなかったことで、国際的な信用から脱落したことが理由として挙げられる。国連脱退なども国際的な信用力の欠如につながった。

日本が国家として国際的信用力を勝ち得たのはオリンピックの主催国になった一九六四年のことであった。オリンピックの開催では、常に平和の問題が浮かびあがる。ナチス政権下でのオリンピックが開催したこと。モスクワのオリンピックにアメリカが参加しなかったことなどもある。オリンピックに政治を持ち込むなという意見もあるが、開催国が世界平和に貢献しているかどうかは、国際イベントの主催者になれるかどうかの尺度に反映される。日本が敗戦後三〇余年にしてようやく世界平和の一員としての国家として認められたのである。東京オリンピックにひきつづいて万国博覧会を開催できたのも、戦後平和国家として懸命にまい進してきた成果だといえる。

そのことに加えて工業化の世界水準にようやく達し、日本が世界に誇る工業製品が続々生まれてきて、一九七〇年代にはＧＮＰ世界第二位、経済成長七～八％になったことがある。万国博覧会の主催国として、先端工業製品に十分な質を備えた展示品、例えば自動車やコンピューター、そして科学技術などを出品することができた。つまり、万国博覧会の主催国は、世界の先端科学技術に大きな夢を与える製品や技術にいくばくか貢献しているということが必要だったのである。それらの要件を満たしてようやく追いついたのが一九七〇年代だったということである。うらをかえせば、一二〇年もの長きにわたって万国博の開催が幻に終わったのは、国際情勢、国力、政治力などの問題があったが、最大の要因は日本がほかの先進国に誇れるだけの工業製品や工業技術がなかったということである。

2　大阪万博のテーマ――人類の進歩と調和

（1）万国博覧会史――テーマに込められた、近代史の文明のメッセージ

時代ごとの文明の先駆けの象徴としての万国博。そこには工業化の成果だけでなく、国家形成や国家の誕生のドラマが組み込まれており、各時代の万国博のテーマにはそのときに開催された万国博覧会の精神が短いメッセージの中に表現されている。そのメッセージは世界の近代史の流れを代弁している。近代史の中で、万国博がその都度対面し、向き合ってきた文明的課題が浮かびあがる。万国博の歴史は、世界の近代化の歴史である。その世界の近代化の歴史に、日本が鎖国から抜け出し、近代国家の成長し発展していくプロセスが重なる。テーマは、万国博覧会が開催された主催国と開催された国際的な動向の下に描かれたことは確かな歴史的事実である。万国博覧会のテーマは、その歴史において、世界の工業化とそれによって起こる近代国家形成そしてそれから派生する様々な問題、国際

的緊張、民族紛争、政治体制、南北格差、貧困、病気、食糧、資源エネルギー、環境などの文明のもつ諸課題に向き合うテーマが掲げられてきた。大阪万博のテーマ「人類の進歩と調和」も、日本の置かれている国際的な位置すなわち国力と国際的な信用力を表現するにふさわしいテーマであった。

万国博覧会開催において、テーマを掲げるようになったのは、一九三三年のシカゴ万博からで、そのテーマは「進歩の一世紀」であった。万国博覧会は進歩をうたいあげる一大イベントである。一九六二年アメリカのシアトルで開催されたシアトル世界博では、「宇宙時代の人類」がテーマで、人類の進歩が宇宙にまで届くことを高らかに掲げた。一方では進歩のみではなく、進歩はそのバランスをもたなければならないともいっている。一九五八年のブリュッセル博では科学文明とヒューマニズムをうたい、より人間的な世界へのバランスシートのテーマの下に進歩を制御すべきことを主張している。

テーマにおいて、進歩に対してより抑制を求めたのは、一九三五年のブリュッセル万博の「民族を通じての平和と一致」、一九三九年ニューヨーク万博の「デモクラシーの栄光、明日の世界」、一九六四年ニューヨーク万博の「理解を通じての平和」、そして大阪万博の直前の一九六七年カナダ万博（モントリオール）での「人間とその世界」などがある。

（2）「人類の進歩と調和」は、一九七〇年の世界に向けた日本の文明的メッセージ

万国博覧会にそれぞれの国や民族がどのようにかかわったのかは、それぞれの国の近代化の尺度に

負っている。その尺度は工業化の達成度と国家の国際社会での位置である。後者の位置とは第二次世界大戦までは、植民地支配を正当化する国家すなわち帝国主義的国家であった。この国家が万国博覧会を開催する正当性を得ていた。被植民地国家や民族は、帝国主義国家による万国博覧会に展示される側にあった。

万国博覧会が最初に始まった一八五一年のイギリスのロンドン博以来、万国博覧会は欧米主導の帝国主義的国家像の中で第二次世界大戦まで開催されてきた。日本は、明治維新の前の幕末の時期に第三回のロンドン万博から参加したが、日本は欧米の被植民地国家ではなく独立国家として参加した。しかし長い鎖国の中、手工業主体の経済で、工業化では後進国であった。日本が万国博覧会に関心をもって、一八六二年からほとんど毎回参加してきたのは、欧米による帝国主義的国家に追いつくことにあった。これは、日本の近代史そのものでもあった。

欧米世界を離れた地域で、世界で初めて開催されたのが一九七〇年の大阪万博であり、一八五一年の第一回ロンドン万国博覧会以来、実に一二〇年目にして、アジアの地、非ヨーロッパ世界で開催された。万国博の歴史として画期的なできごとであった。一八世紀後半イギリスにおこった産業革命による工業革命と一七八九年のフランス革命による国家の誕生は、ヨーロッパを中世的世界から地球を舞台にしたヨーロッパ主導型の植民地による世界化の発信源にした。そこにアメリカの独立が加わり欧米先進国グループによる工業化は、世界経済の支配と一体化を現実のものとした。その繁栄の標を、それぞれの欧米の先進国の主要な都市の祝祭として万国博覧会を開催した。それは工業化による近代国家樹立の高揚と経済的繁栄を謳歌する祭典であった。

このような背景をもつ万国博覧会が、一九七〇年に大阪の地で開催された。日本が欧米主導の万国博覧会の開催国になれたのは、日本が近代欧米の帝国主義的国家像を模して、侵略戦争に加担し、その敗戦ののち平和国家として復興を遂げたことによる。大阪万博の開催は、日本が平和国家として国際的に認知されたという意味で、記念すべき年ということができる。

このような日本の近代史の中で開催された大阪万博のテーマである「人類の進歩と調和」には、一九七〇年に日本が置かれている国際的位置と日本の国力を合わせ、そこから人類が創造すべき文明に何が付け加えることができるかという命題が込められていた。日本が達成した「進歩」は、欧米並みの水準に達した工業力であり、政治経済社会によって生まれた国力であった。「調和」は、世界中の工業国が苦しんでいる工業化がもたらす負の遺産である公害、環境問題、資源エネルギー問題を克服するための課題であった。

3　なぜ、東京ではなく大阪で開催されたのか

（1）一〇〇万人都市を運営する力

日本が世界の万国博覧会のパリ博に一八六七年に出展して以来、約一〇〇年の年月を経て、ようやく日本で初めて万国博覧会が大阪で開催されることになった。それは三代にわたって願い続けてきた

夢の実現であった。その実現への願いは、国家の威信を賭けたものであり、その祝祭が開かれる場所は、その国の首都であるのが、ヨーロッパで開催された万国博覧会の通例であった。非欧米での初めての万国博覧会の開催であるから、その開催国の首都東京での開催が内外とも想定されて当然であった。日本で初めてのオリンピックが東京で開催されたように。

万国博覧会のもつ世界的スケールでの産業・科学技術、芸術、大衆文化の祭典を挙行するには、莫大な資金、産業の力、蓄積そして国民の動員力が必要となる。なぜなら、一日に四〇～五〇万人もの入場者がある会場は、一つの都市の中心市街地を半年の長い間、仮設であるけれどもつくりあげるということである。それは一〇〇万人くらいの大都市を建設する作業と似ている。これはオリンピックの比ではない。これだけの巨大な都市を創造し、安全で快適に運営していく能力が問われることになる。池口小太郎は、以下のようにいっている（池口、一九六八年、vi頁）。

> 日本万国博の開催は、日本が経験する最大の国際行事である。それは、通常、政府機関や企業で行われている事業とはまったく性格を異にする仕事である。完全に時間の限られた仕事であり、すべてにわたる多様化を含む事業であり、世界的広がりと最高の専門家から大衆的底辺まで厚みをもった行事でもある。そこには、精密な管理能力と高度の独創性と確実な制作技術が必要である。いわば「巨大芸術」とでもいうべきものであろう。

万国博覧会の成否は、なによりも企画力と総合力とにかかっている。各企業集団の企画力と総合力を引き出す力をもたねばならない。首都東京はそのような企業の力を集約させ、世界に発信させる場として最もふさわしい中枢管理機能をもっている。各企業が、万国博出展を通じて養い、訓練した企画力や総合力は、それぞれの企業の力となり、国際競争力における日本産業の強さを発信できる。しかし、日本初の万国博は、大阪で開催された。なぜ、大阪なのか。

（2）日本列島を二極構造に

大阪が、この国際的行事に名乗りをあげた背景には、一九六〇年代を通じておこってきた政治をはじめとした経済上部活動や文化活動が、あまりにも東京に集中している日本の地域構造がある。一九六三年に策定された全国総合開発計画（一全総）では、「地域間の均衡ある発展」を掲げ、続く一九六九年の新全国総合開発計画（二全総、新全総）でも、新たに大規模工業開発地域を定め、工業生産の核となる地方地域開発を狙った。そして第三次全国総合開発計画（三全総）が策定された。一九七〇年代には、革新自治体の台頭もあり、地方の時代と呼ばれる中央集権から地方分権を志向した主張が盛り上がりをみせた。首都移転論もこの時期を通して盛り上がりをみせた。高度経済成長の結果、日本の地域の構造的問題が大きくクローズアップされ、大都市への人口と産業の集中、過密都市と、過疎地域の問題が大きな話題になり始めた。このような中で、東京に次ぐ日本第二の文化中心地、国際都市の発展が重要だと考えられるようになった。関西で万国博覧会を開催することで日本は二極構造、あるいは多核構造になることが期待されたのである。

一九六〇年代、高度経済成長期の真っただ中、大阪商工会議所会頭であり、日本貿易振興会（ジェトロ）理事長であった杉道助は、高度経済成長の恩恵が東京一極集中を加速させている現状を案じ、大阪あるいは関西の地盤沈下を食い止める具体的な方策として万国博覧会の誘致を考え始めていた。佐藤義詮大阪府知事や中馬馨大阪市長に呼び掛けた。

ちょうど同じ時期の一九六四年に東京オリンピックが開催されることになっており、東京と首都圏が急速に整備されていく状況を目のあたりにして、国際的行事が、都市の発展に大きな効果をもたらすことを杉は改めて認識した。大阪、関西に万国博覧会を誘致することによって、関西経済の地盤浮揚と近畿圏の都市開発の二つをめざそうとし、財界と大阪府、大阪市が一体となって誘致運動を開始した。

（3）首都以外で開催された万国博覧会

一九世紀のヨーロッパで開催された万国博覧会のほとんどは首都で開催された。しかしアメリカが万国博開催国になるにつれて、首都以外で開催される場面が増えてきた。二〇世紀になってこの傾向が顕著になった。連邦国家制をとっているアメリカ合衆国は、州の自治独立性が強い。万国博の州での開催動向はその州の発展と活性化のために活用された。州が主体の万国博に、アメリカ独立や領土拡大のアメリカ国家の成立発展史を織り込んで、州独自の万国博覧会を開催したのである。その意味では、大阪で万国博を開催した背景が、国土の多極化といった、国土構造にかかわる問題と地方の独自性の主張にある点で、アメリカと類似している。ちなみに、アメリカでの万国博覧会開催の歴史は、国土領域の拡大と地域の発展史とが大きくかかわっている。国家の形成と国力の強大化は、国家の領土の拡張と比例する。北アメリカ大陸の東海岸で、イギリスの植民地としてスタートしたアメリカは、その後、フランスが支配していたミシシッピー流域の中央部、そして、メキシコが所有していた北アメリカ南部地域、そして西部開拓のカリフォルニアなどを次々と併合していった。併合の歴史は、アメリカの独立以来の国家形成の歴史であり、アメリカのそれぞれの地域は、アメリカの領土拡張と国力増大の歴史を物語る。その記念事業を、アメリカの万国博覧会の開催によって執り行い、アメリカ国民の国家としてのアイデンティティ定着につなげたのが、アメリカにおける首都以外での万国博覧会開催であった。

- フィラデルフィアのアメリカ建国一〇〇年記念（一八七六〔明治九〕年）
- シカゴのコロンブスのアメリカ大陸発見四〇〇年記念（一八九三〔明治二六〕年）
- セントルイスのルイジアナ州などフランスから購入一〇〇年記念（一九〇四〔明治三七〕年）
- フィラデルフィアでのアメリカ建国一五〇周年記念（一九二六〔大正一五〕年）
- シカゴでのシカゴ市制一〇〇年記念（一九三三〔昭和八〕年）
- サンフランシスコのパナマ運河開通と太平洋発見四〇〇年記念（一九三七〔昭和一二〕年）

・ニューヨークの初代大統領ワシントン就任一五〇年記念（一九三九（昭和一四）年）

（4）政府による大阪千里丘陵への万国博覧会の会場決定

関西で複数の府県が一斉に万博誘致合戦をした効果は、国会でも取り上げられることになり、関西での開催へと大きく動き出した。近畿圏の地盤沈下、東京一極集中の是正の呼び掛けが功を奏したといえる。そして近畿圏への万国博覧会の誘致が決定づけられることになった。近畿県への万国博覧会誘致に合わせて、関西の各地で誘致合戦をし始めた。滋賀県は琵琶湖の木浜埋立地、兵庫県は神戸市の東部第四区埋立地、大阪府は府下吹田市の千里丘陵地を具体的な場所に挙げた。大阪市は大阪府とは別に南港埋め立て地に会場を誘致しようとした。このような混沌の状況の中、閣議後の記者会見での桜内義雄通産相の「千里丘陵が会場として最も適している」と発言したことを受け、政府は一九六四年一一月に日本万国博覧会の開催誘致を閣議決定する（日本経済新聞社、一九六六年、一三八頁）。一九六五（昭和四〇）年四月には開催地を大阪府吹田市の千里丘陵とすることが決まる。同年政府は、パリの博覧会国際事務局（ＢＩＥ）へ万国博覧会開催申請書を提出した。理事会は日本での開催に難色を示した。モントリオール万博から3年しかないこと。また日本以外からの参加申請がありうることなどの理由であった。その他国とはオーストラリアのメルボルンのことだった。結局、メルボルンは立候補を取りやめて日本での開催が決まったが、開催にあたって日本政府代表の島田通産相企業局長は「日本万国博は、西欧世界以外の国での最初の万国博であり、一九七〇年は、日本の近代化が始まってからほぼ一〇〇年目になる。また開催地の大阪は、世界有数の大都市であり、付近は景観に恵まれ、古い歴史を誇る都市や行楽地が多い」という主張が説得力があり、理事会は満場一致で日本の開催申請を受理した。こうして一九七〇年に日本万国博覧会の第一種一般博としての日本での開催が正式に決定された。一九六五年九月に日本万国博覧会開催が国際的に認定された。

同年、万国博覧会を主催する団体である財団法人「日本万国博覧会協会」が発足したが、肝心の協会の会長選びは難航した。会長候補にあがった候補者が次々辞退することになったからだ。会長の仕事は、途方もない資金を調達し、日本政府を動かし、世界の各国に参加を呼び掛け、五年という短期間に会場の建設にまでこぎつける責務を負う。容易に手を挙げる人が出てこなかった。しかし、ようやく財界の「総理」と言われる経済団体連合会会長の石坂泰三が、当時の通産相の要請を受けて就任した。石坂の会長就任は、万国博が大阪だけのイベントではなく、日本全体の総力を挙げてのものであることを、明確に示したことでもあった。万国博の名称も、「大阪万国博」ではなく「日本万国博」と決まった。三宅は認定されてから大阪万国博終了までを次のように述べている（三宅、二〇〇五年、一八三頁）。

日本万国博覧会（ＥＸＰＯ'70）は「人類の進歩と調和」をテーマとした国際博覧会（第一種一般博覧会）であり、一九七〇年三月十五日から九月十三日までの一八三日間、参加国七七カ国、四国際機構などの参加を得て開催された。約三三〇万平方メートルの敷地に、一二六のパビリオンが並び、総入場者は約六四二二万人（日本の総人口のほゞ三分の二に当る）を記録した。

このような規模で無事終了した日本万国博であったが、東京オリンピックよりさらに短い約四年半で会場整備はもとより、全国から集まる膨大な観客を円滑に輸送するための道路、鉄道などの整備が求められたのであった。

一九六七年に政府決定がされた万国博関連事業は総額六五〇〇億円余に達した。このうち約九〇％が鉄道、空港、港湾整備などの交通・運輸関連事業などの交通・運輸関係事業であり、およそ半分が道路事業費につぎ込まれた。とくに多くの割合を占めるのが地方道、阪神高速道路、高速鉄道（大阪地下鉄）の整備費である。

4　なぜ、竹藪と農地の丘陵地で開催されたのか
――エアポケットの地と交通の要衝の地

（1）千里地域での開催――七つの理由

大阪市は博覧会については、約七〇年前の第五回内国博覧会を天王寺地区で経験している。パリのエッフェル塔を真似た通天閣のモニュメントを残した。博覧会は天王寺区や阿倍野の大阪の南の繁華街を大改造した。京都の第四回の内国博覧会よりも多くの入場者を集めて大成功であった。大阪の博

覧会は、まさしく都市の祝典であった。このような、市街地であり都心のど真ん中での成功事例があるにもかかわらず、大阪万博が、大阪都市圏の未開発の竹藪と農地の丘陵地で開催されたのか。多くの入場者を集め、都市発展の一助にし、世界に大阪を誇らしく打ち上げたい大阪にとっては、せっかくの夢であってようやく日本で開催にこぎつけた万国博覧会を、なぜ大阪の辺鄙なところで開催するのか、まず疑問に思ったのではないだろうか。日本万国博覧会の意義を知る上においても、ここのところをおさらいしておかなければならない。大阪万博が千里地域で開催されるには、以下の七つの背景があったように考えられる。第一に都市センターをつくり、副都心を作る構想があったこと。第二に、一と連動して、大阪を多心型都市構造にしていく構想であったこと。第三に、一、二に対応するように、会場に隣接する地域では、すでに開発が進んでいたこと（千里ニュータウン、大阪大学など）。第四は、千里地域は、国土交通や近畿スケールの交通体系の結節点にあり、大量の交通運輸需要に対応できるポテンシャルの高い地域であったこと。第五は、万国博覧会の規模が大きくなっていたこと。出展パビリオンの数が多く、入場者数が三〇〇〇万人を超え、自動車での来場者のための広大な駐車場が必要が予想されていたこと。第六は、会場整備のために、開発を妨げる既存の大施設や住宅地がなかったこと。そのことは、土地をまとめて買収する上で、好都合であったこと。第七は、三と関連する消極的な理由であるが、大阪都心での再開発の必要性がなく、万国博覧会に適した土地がなかったこと、などである。以上の点について、見てみよう。

（2）国土交通と近畿圏の交通動脈の結節点――ポテンシャルの地

会場となった千里丘陵は、大阪北部地域の大阪市中心部からわずか、一三キロメートルに位置するが、水利の便が悪く、鉄路線も敷設されていなかったため、エアポケットのように開発から取り残された場所であった。大阪万博で想定された会場敷地規模は一〇〇万坪（三三〇ヘクタール）の広さであった。その会場候補地である千里丘陵地の地形は、海抜二五メートルから七〇メートルのゆるやかな丘陵地。工事前の姿は、約三割が水田などの農耕地、ほかは竹林と雑木、笹などの生えた原野であり、人家はごく最近開発された分譲地の数十戸に過ぎない。大都市に近いわりには開発の遅れていた場所である。大阪都心から千里ニュータウンと同じ距離にありながらほとんど未開発のままで残されてきたのは、後背の北摂山塊と連続性のない孤立した丘陵地で、いくつかの谷も浅く水利の便が悪かったこと。地味も肥沃でなく、農耕地にも適さない土地であり、昔から人家も少なかった。関西の私鉄もこの地域に乗り入れることはなかった。また、宅地開発には大規模な導水が必要であったからである。敷地は長期的に見れば非常にすぐれた位置にあるが、近隣の状況では大変難しいと思われていた。そのような地が、大阪万博の会場に選ばれたのは、交通の利便性がその周辺に整備されていたことにある。千里丘陵の会場に想定された農村地域は、人家も少ない農村地区であったが、周辺は開発の波が押し寄せていた。つまり開発のポテンシャルが非常に高い地域であった。会場の位置は、大阪駅から北北東に約一一キロメートル、国鉄新幹線の新大阪駅から七キロメートルの伊丹大阪国際空港から一〇キロメートルにあたる。会場敷地の東端は名神高速道路に接しており、会場の真ん中には大阪府の中央環状線（大阪市の外側をとりまく衛星都市を結ぶ大幹線）と中国縦貫自動車道が乗り入れる予定になっていた。京都、大阪、神戸三都市の中核にあたり、東京、名古屋など東からの道路と神戸、中国方面などの西からの道路がまさに結合する地点にあり、さらに鉄道、空路などで内外の各地点と直結した場所である。いわば西日本の交通の一大要衝の地である。そこに吹田インターチェンジがある。

（3）莫大な万博関連事業と入場者予測

このポテンシャルの土地が、万博会場に決定した。交通の利便性の高い大阪近郊に設定されたことで、一八三日の会期中に全国から訪れる膨大な観客（総入場者数の当初の見込みは三〇〇〇万人であった）を円滑に輸送するために、大阪都心部および北大阪地域を中心に道路、鉄道などの関連公共事業が計画された。大阪都心部や大阪国際空港から会場まで一〇～二〇分、京都、神戸、奈良などの主要都市から大阪市まで三〇～四〇分で到達することが目標とされ、とくに大量輸送機関である地下鉄および鉄道網の整備に力が注がれた。このときの事業は、オリンピック時の東京の都市改造に比べ、大阪の都市圏規模にわたり広範囲に展開されたことが特徴といえる。大阪都心部や大阪北部地域の都市基盤の充実に寄与しただけでなく、都市圏全体の交通ネットワーク網の形成にもつながるものであった。

投入された関連公共事業費は一九六八年度の予算で、六六七五億円。しかし、中国縦貫道路や近畿自動車道の一部、外国貿易埠頭公団の事業などの大物が加わっていないため、おそらく最終的には、八〇〇〇億円になったのではないか。

これらの中で大きな比重を占めているのが、道路と鉄道である。道路には近畿地方の一般道路六三七億円、京阪神諸都市の街路九九三億円、日本道路公団事業二八四億円、および阪神高速道路公団の阪神地方の高速道路一一六四億円が含まれている。このほかに、日本道路公団事業として行われる中国縦貫道路と近畿自動車道の名古屋線および和歌山線の建設が予定されていた。中国自動車道は、大阪から西方の西日本の内陸の動脈。神戸の裏六甲と直結している。また近畿自動車道の名古屋線と和歌山線はそれぞれ、東方と南方からの重要な交通路である。これら三線は重要な幹線道であり、将来の近畿を中心とする自動車交通の中核となる重要幹線である。これらを加えると、万国博関連事業による道路関係に伴う事業費は四〇〇〇億円に近いものになる。オリンピック関連の道路関係事業一七〇〇億円に比べれば二倍以上に当たる。

鉄道について、鉄道関連事業費は約二三〇〇億円、このうち最大のものは、大阪市高速鉄道（地下鉄）の約一二〇〇億円であり、ほかは私鉄六一九億円、国鉄四五九億円である。このほか、河川改修、下水道整備などもかなりの事業になっている。会場造成に伴う大正川の拡幅工事や会場の排水処理のための下水処理工事等、なにしろわずか三三〇ヘクタールに昼間人口四〇万人という中都市並みのものが突然現れたことになる（池口、一九六八年、一三五頁）。

日本の高度経済成長期のオリンピック、万博などの国家イベントは、そのとき東京や大阪が都市の過密と膨張の問題に直面する一方で、都市交通基盤が大きく立ち後れていた状況を打開することに大きな役割を果たした。

万国博の入場者の予測は、万国博覧会を主宰し運営する上で最も重要な指標づくりであり、万国博覧会の成否の決定、経営収支、会場計画、関連事業などの計画づくりの根拠になる数字になる。大阪万博では、野村総合研究所とアメリカのスタンフォード研究所に依頼し、入場者予測として三八〇〇万人という数字をはじきだした。大阪万博が終わってみると六四〇〇万人の入場者があり、二三〇億円の黒字をたたき出した。

直前のブリュッセル万博では四一〇〇万人、モントリオール万博は五〇三〇万人。三八〇〇万人という予測数字は、大幅に外れた。東京オリンピックの入場者は期間は短いが約二〇〇万人あった。大阪万博の場合、三八〇〇万人にしても、休日平均の入場者数四二万人、日曜日は六〇万人。五〇万人以上入る日は半年の間に何回もあると推察された。一日五〇万人のターミナル人口と同じである。大阪では天王寺、難波、梅田、東京では上野、渋谷、これだけの大ターミナルが千里丘陵に忽然と現れることになる。史上最大の輸送作戦が立案されねばならない。しかし、これだけの輸送機関の建設をしても、万国博覧会後には、役に立たなくなるだろう。一過性の万国博は常にこの厄介な問題と取り組まねばならない運命にある。しかし、万国博覧会は既存の都市交通の改善、交通技術の開発に大きな貢献をしてきた。地下鉄、郊外電車、駐車場施設、高速道路などが万国博で開発されたのもこのことによる。

5　大阪大都市圏衛星都市構想

（1）大阪大都市圏の計画的分散と副都市構想

大阪万博会場の選定理由を交通の利便性を中心に述べてきたが、もう一つ重大な理由があった。それは、膨大な公共投資を行って価値が高まったこの地を中心に、万博後に都市開発をしようという目論見があったことだ。この点について三宅博史は次のように述べている（三宅、二〇〇五年、一八三頁）。

万博会場の選定には大阪府の意向が大きく働いている。この時期、大阪でも都市部の過密と郊外スプロールの問題が深刻化していた。そこで都市部では積極的に都市基盤整備を進めるとともに、諸機能を大阪圏全体に計画的に分散させ、都市構造を再編することが考えられた。近畿圏整備法（一九六二年）に基づく第一次近畿圏基本計画（一九六五年）では、大阪市（既成都市区域）は過密化防止対策をすすめつつ都心部の高度利用・多心化を推進するとともに、大都市近郊（近郊整備区域）に大都市から分散することが謳われた。また、大阪地方計画（大阪府、一九六七年）でも同様に、既成市街地の外側に人口・産業の新たな受け入れ地の整備にため、業務センター、流通センターを計画的に配置して中小都市圏を育成することとした。

以上のように当時、大阪府はこの千里丘陵の万博跡地を、将来的には一大ビジネスセンターに開発しようと考えていたようである。千里ニュータウンを含めて、都心の人口・産業の受け皿となる一つの衛星都市として整備することを画策していた。結果的に会場跡地は万博記念公園となり、この構想は果たされなかったが、大阪万博開催の背後には、こうした大阪圏の都市構造再編の意図が透けて見える。これは、明らかに、千里を大阪大都市圏における副都心にすることをめざしていたと読み取ることができる。一九六〇年代から七〇年代にかけては、大都市は、膨張の一途にあった。大都市の膨張拡大は、公害の拡散と交通渋滞など深刻な問題をおよぼしていた。大都市の中心にかかる過密の圧力を避け、大都市圏内に分散することが、大都市の大きな政策の一つになっていた。副都心化はその政策の一環であった。東京でも新宿副都心ができたのも、その一環であった。大阪都心を中心とする通勤圏の大阪都市圏は、すでに近畿都市圏と同じ圏域として重なっており、圏域の中には、神戸、京都、奈良などの歴史都市があり、多心型大都市圏になっていた。そこに、大阪府は、千里地区を核とした副都心を構想したのである。万国博覧会の千里丘陵への誘致は、この副都心構想に即したものであった。

（2）大阪府の万博跡地の一大ビジネスセンター構想

会場計画の当初から跡地利用にはいくつかの計画案がでていた。しかし、準備期間が短かかったこともあって、計画が具体化しないまま、会場建設にとりかからなければならなかった。そのため、跡地利用計画の決定は会場建設以後に持ち越された。大阪府の跡地利用計画は、一九六六年（昭和四一）年三月、跡地利用計画（基本構想）を作成し、一九六七（昭和四二）年六月にこの計画案を政府や政党関係者に説明した。その内容は次のようであった（記録③、一九七二年、三六六頁）。

万国博跡地の自然的、社会経済的諸条件を活用し、近畿圏整備計画、大阪地方計画を掲げた北大阪の整備開発を促進するよう配慮し、跡地を①文教施設地区②公園緑地③官公庁地区④流通施設地区に分け、それぞれの地区について、次の方針に従って利用計画を作成する。

①文教地区　すでに転移が決定している大阪大学などの学園施設や、都心部に設ける必要のない調査研究施設を誘致して、学園研究団地を形成し、合わせて都心部における都市環境の整備に役立てる。

②公園緑地地区　大阪府民はもちろん、広く近畿圏域住民の文化水準の向上を、健全な余暇利用、青少年の体位向上などに役立てるため、万国博の諸施設の威容も考慮して跡地を青少年運動施設、教養施設などを含む文化・レクリエーション地域とする。

③官公庁地区　政府関係機関、社会経済に関する調査研究機関および指導基幹を配置して、総合的な行政をすることに役立てる。また、この地区の機能をさらに広域的なものにするために、近畿圏内の公共的基幹を積極的に誘致する。

④流通施設地区　万国博開催地域は、近畿圏の自動車交通上の要衝となる立地条件を持っている。

この立地条件を生かし、流通施設を計画的に配置することによって、上記の官公庁地区と一体をなした京阪神における流通経済の一つの核として育成を図る。

一九四五年国会衆議院商工委員会で、中馬大阪市長は大阪市としての希望を述べた。森林文化公園案だった。吹田市を中心とする万国博関連隣接都市市長会は、一九六七（昭和四二）年二月の大阪府案を一部修正したものを提案した。政府部内でも政府出展施設の後利用として、国際技能訓練センター、中小企業センター、産業技術博物館、産業芸術センター、大学連合研究機関などの建設計画案が出された。

第五章　万博会場の設計思想

1　大阪万博のテーマ「人類の進歩と調和」は、会場設計にどう反映させられたか

（1）大阪万博のテーマ「人類の進歩と調和」が世界に発したメッセージ

会場が設定され、会場への交通運輸などが事業化される中、大阪万博のテーマの決定と会場設計が並行して行われた。日本万国博覧会協会が設立され、一九六五年には開催に向けて大阪万博のテーマを探るためにテーマ委員会が設けられた。テーマ委員会のメンバーは、委員長・茅誠司学士院会員、副委員長・桑原武夫京都大学教授、専門調査委員長・赤堀四郎大阪大学長であった。一九六五年末には、建築、都市計画、土木、造園、交通等各界の最高の権威者一五名による会場計画委員会を設けた。テーマをどのように会場計画に反映するかという委員会であり、委員長・飯沼一省都市計画協会会長、副委員長・高山英華東京大学教授、同・石原藤次郎京都大学教授で、「原案作成者」すなわちチー

フ・プランナーとして西山夘三京都大学教授と丹下健三東京大学教授が選ばれた。高山英華は、万国博覧会終了後、跡地利用懇談会の委員長になり、丹下らの都市センター案を否定し、「緑に包まれた文化公園」に大転換する。しかし、高山英華は会場計画では副委員長として直接的な影響を行使することはなかった。

テーマ委員会で採択されたテーマは「人類の進歩と調和」であった。二〇世紀になってアメリカのシカゴ博以来、万国博覧会ではテーマが重要な意味をもつことになった。テーマは人類とその文明が達成しようとする未来を指し、開催される国と都市の祝祭を、世界の国々とともにその喜びを分かち合うメッセージである。すでに述べたように、人類の進歩と調和には、日本が置かれている国際的な位置、人類が築いてきた文明の謳歌、その文明が地球の自然と人類社会をむしばむ負の遺産をいかに克服するかの命題が、人類の進歩と調和というテーマに込められている。基本理念には次のような言葉がうたわれている（記録①、一九七二年、五七頁）。

> 開け行く無限の未来に思いをはせつつ、過去数千年の歴史を振り返るとき、人類のつくりあげてきた文明の偉大さに、私たちは深い感動をおぼえるのである。とくに近代における科学と技術の進歩は、人類の生活の各方面にわたって人びとがその前夜まで想像もしえなかったような大きな変革をもたらした。しかも文明はさらに前進の歩みをはやめ、人類の未来の生活は今日の私たちの予想をはるかに越えたものとなってゆくであろう。（中略）いまこそ新しい時代が始まらね

ばならない。二十世紀は偉大な進歩の時代であるが、同時に今日まで苦悩と混乱を避けることができなかった。私たちはこの世界を、完全な平和が支配し、真に人類の尊厳と幸福をたたえうるところのものとして、次世代に伝えたい。この万国博覧会が、そのようなよき時代への転換点として役に立ち、その場所と機会を提供しえたとするならば、わたし達の栄光はこれに過ぎるものはないのである。

（2）サブテーマ「調和的進歩」

テーマをさらに具体化させるために、サブテーマが設けられた。サブテーマの展開のためのメッセージは次のように述べられた（同前書、六二頁）。統一テーマは次の通りである。

第二次世界大戦後に生きる私たちは、技術文明の進歩が人間の生活を改善すると同時に、そこに様々なヒズミをもたらしていることに眼をふさぐことはできない。たとえば交通機関の発達は、旅行の便宜を増すとともに、反面、自然の破壊、騒音などという公害、人命の損傷の増大をもたらしてきた。また原子力という新しいエネルギーが人類の未来を明るくも暗くもする可能性をもっていることはいうまでもない。文明の進歩にもかかわらず、世界の各地域にはなお大きな不均衡がのこり、様々の不幸になやむ人々が決して少なくはない。人類の理想とする進歩は、こうした弊害や不調和を伴わない「調和的進歩」でなければならない。人間性の尊重を通して、調和をめざす進歩の精神を、私たちは万国博の会場で実現したいと考える。

そして、進歩に対しての「調和」について次のように述べている（同前書、六二頁）。

人類の理想とする進歩は、こうした弊害や不調和をともない「調和的進歩」でなければならない。人間性の尊重を通して調和をめざす進歩の精神を、私たちは万国博の会場で実現したい。「調和」ということばは、均衡のとれた美しさを現わし、東洋思想の中心をなす「和」の理念である。私たちは、日本万国博に新奇、驚異、豪華、統一の印象を与えるだけでなく、世界にはさまざまな文明のあることを「和」の精神によって認めたいと思う。

また、四つのサブテーマは、次の通りである（同前書、六三頁）。

より豊かな生命の充実を

- 1：生命の科学、2：病気との闘い、3：心の科学、4：健康の管理、5：生きる喜び

より実り多い自然の利用を

- 1：生物による生産、2：大地の利用と改造、3：資源の開発と保全、4：海洋、5：地球と宇宙

より好ましい生活の設計を

- 1：よそおい、2：食生活、3：生活空間、4：交通と運輸、5：環境の整備、6：道具と機械、7：時間

より深い相互の理解を

- 1：言語と情報処理、2：報道と通信、3：教育、4：社会の制度と慣習、5：芸術とその観賞、6：国際間の理解と努力

(3) 万国博の会場は、都市である

大阪万博のテーマは、「人類の進歩と調和」がどのように会場の構成に反映されるか。これが会場設計家、プロデューサーの腕の見せ所である。万国博覧会の会場を誰によってつくりあげるかという段階に入った。池口小太郎は会場計画について次のようにいっている（池口、一九六八年、七二頁）。

会場計画のプロデュースは大変な仕事である。世紀の国際的イベントだから、会場に展示される多くの建築物、展示内容、モニュメント、その他娯楽施設は、時代の最先端の技術とデザインと最高の芸術的センスが求められる。これまでの万国博覧会では、有能で野心的な芸術家、科学者、文学者・思想家、政治家などの多くの専門家・学者・知識人、文化人が率先して世紀の巨大な祭典に参加し、コミュニケーションの場を利用しようとした。会場では新しい絵画や音楽、演

劇が評価され、おどろくべき科学の発見や技術の発明、あるいは思想や政治運動などが、万国博覧会という国際的な檜舞台に次々と登場した。これらの主張や発信体は様々な展示空間や展示手法によって会場に姿を現した。もっとも具体的な展示物は、国や自治体、企業が展示する建物、パビリオンであった。パビリオンの形態とデザインそのものが、万国博のテーマ、サブテーマを表現するものであった。

シカゴ万博の会場（1893年）

出典：大阪府立中央図書館所蔵。

会場設計では、一八五一年に最初に開かれたロンドン博から一九七〇年の大阪万博の約一二〇年の歴史で、大きな変化がみられる。大きく分けて初期一九世紀の万国博覧会は、都市の市街地で開催され、後期二〇世紀の万国博覧会は、都市の郊外で開催されたことである。初期の万国博で顕著なのは、一つの巨大な建築物（例えば一八五一年ロンドン博の水晶宮のような）の中での展示を行ったことである。ロンドンのハイドパークで建設された水晶宮は、鉄とガラスでできた建築物一つで展示を行った。大阪万博の丹下が設計した大屋根の大きさよりもさらに大きく、約一・五倍にも達するものであった。工業技術の粋を集め、ガラスで覆われた巨大な空間を柱なしでつくりあげることができたこの美しい形の展示空間は、次のニューヨーク博覧会でも模倣され、同じ名称で博覧会の集会場になった。その後も、各国の巨大な蒸気機関や大砲を展示できる一つの内部空間の有用性が認められ、巨大建築が万博の主要会場になりつづけた。この建築展示を、海に浮かぶ巨大な一つの船にたとえて巨艦主義と呼ぶ。

しかし、巨艦主義は一九世紀のもので、二〇世紀は個々のパビリオンの集合体になる。各国の展示物が、機械類に限らず、建築物そのものになってくると、各国は独自の巨大な建物を建てその中で展示を始めるようになる。こうなると一つの巨大な建物では収容しきれなくなり、各国が個別にパビリオンを建て始める。そのためには、広大な敷地が必要になり、敷地は都市の郊外に求められるようになっていった。

後期の万国博の会場の特徴は、単一巨艦主義から、近年のブラッセル万国博やモントリオール万国博のように、数百もの展示館が群立する多数個別館主義へと転換させることになった。そのために、建物の数が増加し、博覧会の敷地を大きく広げる必要が生じた。万国博の会場を、都市郊外に立地させるようになったことで、都市からの大量の輸送交通機関や自動車の駐車場が必要になった。郊外での開催は、都市住民に日帰りの行楽気分を生みだし、万国博会場は、観客大衆をより一層楽しませるために遊園地や巨大なシンボルも併設するようになった。一八七三年のウィーンの郊外で開催されたウィーン万国博では、ドナウ川沿いのプラテール公園の造園美が人気の的になった。会場では建物の建ぺい率は一三%でかなりゆったりしていた。日本政府が出展した日本庭園も十分な広さで確保された。各国のパビリオンは園内に散在している。アメリカでは、この傾向はより一層顕著になっていた。一九〇四年のセントルイス博は、万博史上最大規模の敷地面積で、都心から万国博会場に到達するのに高架軌道上を走る電車が使われた。停留所は会場内に一七ヶ所も設けられた。まさしく会場は都市そのものの姿であった。広大な駐車場と遊園地、大量交通機関の導入が、郊外での万国博会場を可能にしたのである。

史上最も美しい風景美をつくりあげたのはシカゴ博である。鳥瞰図（九六頁図）は湖の上に築かれた水上都市と見まがう風景で、湖上に浮かぶ島に日本の茶屋と鳳凰堂が見られた。パリとは異なる新しい都市美の風景デザインを基調に、万国博覧会が開催された。会場計画は、時代と開催される場所、万国博覧会の規模、テーマによって決定された。大阪万博の会場設計はどうであっただろうか。会場設計が決まるまでの経過を追うことによって、大阪万博へ向けた設計者の現代都市計画に対する様々な思想が交錯していたことがわかる。

2　西山夘三による田園都市型会場設計とお祭り広場

（1）大阪万博に向けた西山夘三による田園都市型の会場全体設計

会場計画の決定までは、まず西山の京都大学グループが先行し、次に丹下に受け継がれた。西山か

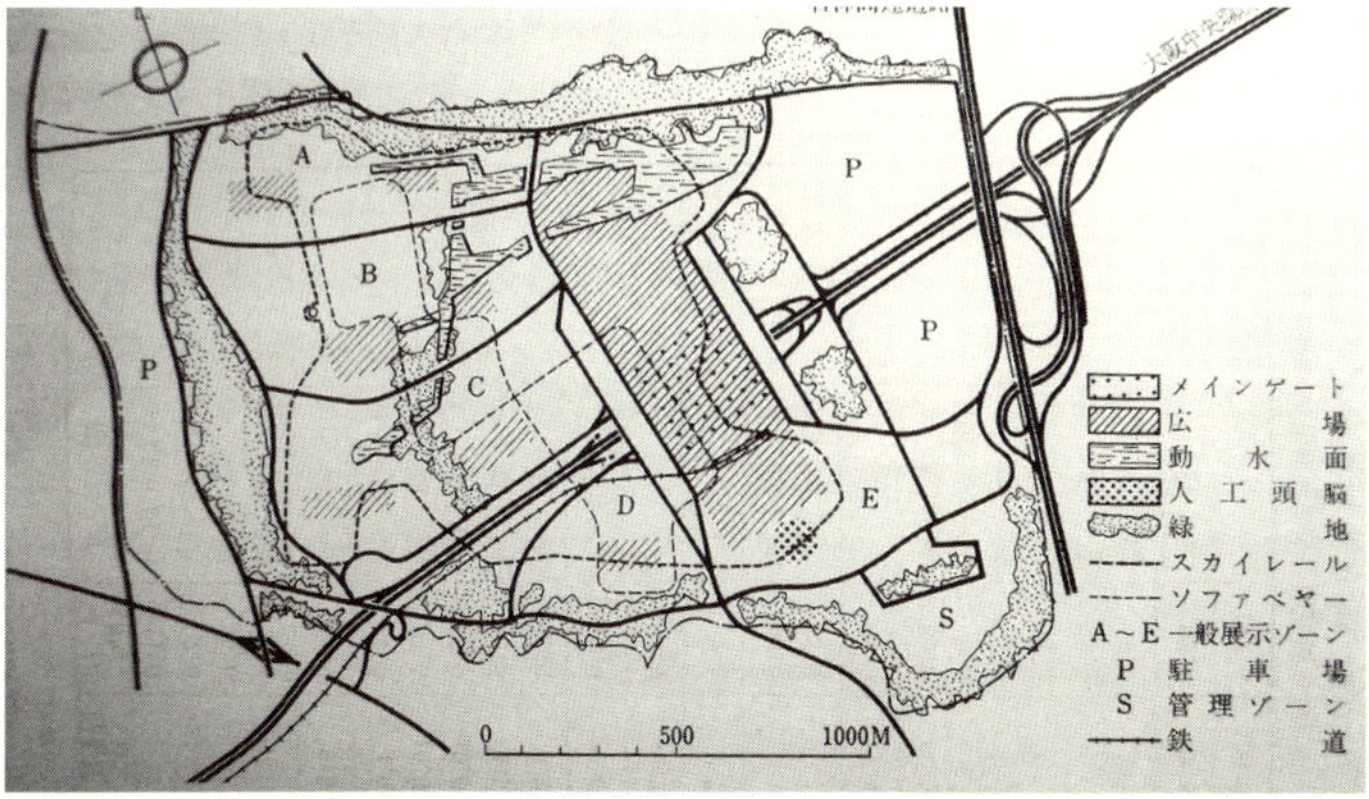

西山卯三による大阪万博会場設計二次案

出典：大阪府提供。

ら丹下への会場設計のバトンタッチの経過は、一九六〇年代の日本の都市計画の最先端の思考と実践に取り組んでいた両氏が、まったく異なる視点で万国博会場設計を巡ってぶつかりあった点で、日本の現代都市計画史としても興味深い経過をたどった。西山は社会主義の視点から近代化途上の日本人の住居の研究をし、田園都市思想を継承して日本で最初のニュータウンである香里ニュータウンを大阪で設計していた。丹下は東京オリンピックや広島平和公園など国家の行事に参画し、東京計画一九六〇などのように、大都市の改造計画に意欲を示していた。都市計画に対する基本的に異なる立場の両氏が、一つの案を共同して取り組む。その過程で、両氏の都市計画に対する違いが浮き彫りになった。この経過から見えてくるものは、日本の現代都市計画史である。そして、両氏によってつくられた会場設計は、跡地利用において高山英華らによって葬り去られる。現代都市計画史の伏線にそって、万博会場の設計の変遷を追ってみる。

万博会場の最初の案の具体化は、主として西山夘三の京都側が先導して作成された（住田、二〇〇七年、三二一頁）。西山は万博会場計画の基礎調査を一九六五年一〇月に依頼された。西山は京都大学の建築、土木、造園、経済の各研究室と合同で、「京都大学万国博調査グループ」を発足、「日本万国博覧会会場計画に関する基礎調査研究」と題する報告書をまとめた。京都大学の上田篤助教授が作業を担当した。一九六六年四月に第一次案、五月に第二次案が作成され、会場計画委員会に承認された。二次案からは西山が大阪万博会場に注いだ都市計画の情熱をうかがうことができる。会場平面図から見るその特徴は、三つに絞られる。第一は会場全体の計画であり、その計画の原点を、ハワードの田園都市構想に見ることができる。第二はシンボルゾーン・お祭り広場の提案であり、現代都市においても、村の鎮守の広場のような人間的で共同体の結束を促す現代のお祭り広場の必要性を訴えている。第三は、大都市化による環境破壊のような負の文明化の矛盾を解決すべき環境設計を提言していることである。

まず第一の会場全体計画についてである。一般展示ゾーンはＡＢＣＤＥの五つに分かれて、配置されている。人工湖が北に位置し、東西方向と南北につくられ、場内の道路もほぼ東西南北の格子ブロック型の構成になっている。

一つは、会場全体を南北に分断する東西方向に伸びる中央縦貫道路を、横断した幅の広いシンボルゾーンである。もう一つは、シンボル・ゾーンの東に相当な面積の駐車場を設け、巨大なインターチェンジと一体化した交通施設ゾーンが形成されており、会場を分断する中央環状線は、会場内でほぼ半分が、幅の広いシンボルゾーンによって覆うことで、会場の分断を避けている。シンボルゾーンの幅は優に五〇〇メートルもある。会場の中で最もシンボルになるゾーンだ。

敷地は巨大な幅一〇〇メートル深さ二〇メートルの巨大な掘割が、約二〇〇メートルの長さの中央環状線で南北に二分されている。二次案は、この巨大な掘割の四分の一をシンボルゾーンによって覆い、南北の敷地を面的につなぎ一体化しようとしている。その分会場が広く使えることになり、展示パビリオンの間にゆったりした空地が生まれ、また格子型の街路に沿わない自由な曲線からなる緑地や水面の風景が網の目のように会場をつないでいる。田園的な風情が、都市の中に織り込まれている。また、水面は環境水路とでもいえる給排水システムと連動し、環境型の都市開発のモデルを志向していた。敷地の東には、吹田インターチェンジと接して広大な駐車場をまとめてとって、自動車社会を前提とした会場設計になっているが、それを除いたお祭り広場を含む西側を完全な歩行者空間とした設計は、ハワードの田園都市的な計画を踏襲している。

（2）「開発幻想」がもたらす都市の矛盾に対する西山の闘い

西山の二次案にみる田園都市型の会場設計案は、明治以来の国家主導による富国強兵と欧米資本主義の導入による工業都市化がもたらした貧しい民衆の生活と劣悪な住環境、環境破壊などの改善・改革を放置してきた近代都市の矛盾を克服しようとした西山の万国博への挑戦と読み取ることができる。

この都市開発の矛盾を、西山は明治期に西洋化にひきづられる支配層と西洋崇拝・洋風模倣の意識が民衆にしみついた「開発幻想」から生まれたとしている。「安治川物語」の冒頭で西山は、次のように資本主義によって工業都市化していく大阪を強烈に批判している（中林、二〇〇七年、二五七頁）。

（大阪は）人間の英知を忘れて、自然の一部でしかない人間がその自然を食いつぶす「資本主義」の翼に乗って、生命のない成層圏まで飛ぼうとしているのか。

大阪で生まれ育った西山は、自身の原点となる一九三〇年ころの大阪を描いたスケッチを残している。石炭の煙で空が真黒な産業革命後の大都市ロンドンと同じ風景が大阪にあった。煙でうす汚れた大阪をスケッチで告発したのである。西山は、その大都市ロンドンの改造計画として、ロンドン市民をロンドンから脱出させて、ロンドンの周縁の農村地帯に、一九〇〇年ハワードによって建設された田園と都市との結婚を前提にした職住一体化の田園都市に、西山は強く惹かれた。

西山は、田園都市思想を、現代都市改造として「生活基地」構想を打ち出し、「生活基地の段階厚生」「単能的単位生活基地の連合としての大都市」「緑地配分」の三つの内容からなる地域論の骨格を示した。小学校区ほどの地区が分業をもつことで、無用な交通を排除するという考え方である。西山の二次案には、西山が取り組んできた化石文明の負の遺産克服の都市計画思想が反映されていたのである。資本主義による景観を最も攻撃していた西山が、最も資本主義の最先端、文明の進歩観、技術史上主義の工業化の祭典の会場を設計しようとした背景には、大都市化による社会の矛盾をハワードの田園都市思想によって「調和ある発展」を万博会場の設計で実現しようという目論見があったからである。

二次案作成当時に西山のもとでプロジェクトにかかわった橋爪紳也は、西山の「人類の進歩と調和」という万博のテーマを会場計画に反映させ思想・基本的な考え方として次のように述べている（橋爪、二〇〇五年、一二八頁）。

人類が対決するべき「矛盾」とともに、その理解のためになすべきことを示すという指針が記される。提言では「人間と人間との矛盾」「技術と人間との矛盾」「自然と人間との矛盾」の三つの矛盾を確認、博覧会場はそれらを解決するモデルとなるべく計画されるべきだとしている。おのおのの矛盾に対応して三つの考え方が導かれる。第一には「科学、技術に限定されることなく、人類の在るところ、総てに存在する人類の多様な智恵が広く交流しあえる場」であること、第二には「人間疎外の状況が進行しつつある中で、新しい人間接触、新しい人間交歓としてのレクリエーションの形と場が創造されるもの」であること、第三に「国土の都市化と共に進行しつつある自然破壊、環境悪化に対し、未来の人々の生活に適合し、科学技術に裏打ちされた新しい国土像」を打ちたてるべく、「合理的で、かつ豊かな人々の将来のすまいと都市のモデル」となる会場計画であること、という三点である。

工業化によって引きおこされ、人間を死に至らしめる都市化を、自然と共棲しうる技術文明との調和へと導き出す賭けに、西山は万博会場計画に挑戦したのである。

（3）シンボルゾーン——村の鎮守のお祭り広場

では、西山は会場の中核になるシンボルゾーンをどのように扱ったのか。

丹下グループモノレールと駅広場を担当した曽根幸一は、第二次案作成段階のシンボルゾーンについて次のように語っている（槇・神谷、二〇一三年、二〇八頁）。

六六年二月から九月までは、前半を京大西山グループ、後半を丹下グループが作業することになる。西山グループ（上田篤、川崎清、加藤邦男、末石富太郎、佐々木綱）によるこの段階は上田さんの「お祭り広場」のコンセプト、川崎さんの「人工湖」案やこれを支えた末石さんの給排水システムが話題で二案が作成された。ソフト面で梅棹忠夫さん、小松左京さん、加藤秀俊さんなど京大人文研のみなさん。箱根合宿から大阪本町の竹中ビルでの作業。のちに六月軽井沢合宿。笹田剛史、高口恭行、尾島俊雄、山田学、南条道昌、山岡義則。尾島は地域冷暖房。西山が構想した二次案の最も重要な提案は、お祭り広場であった。

西山グループが、大阪万博のテーマ「人類の進歩と調和」の「調和」に最も力を注いだのが、お祭り広場である。お祭り広場では、観客席と演技場、会議場、劇場、国際美術館、科学技術館などを設け、現代の最高の科学、スポーツ、芸術などに接したり、入場者も参加できるようなたのしい催しを計画し、総合展示館も建てることにした。これらを「未来都市のコア」と位置づけた。半年の期間に三〇〇〇万人と想定された来場者が楽しく交歓しあうのがお祭り広場であり、その広場は村のお祭り広場の再現であるとした。

メインゲート、お祭り広場、人工頭脳、動水面の四つのシンボル空間と、テーマを集約的に展示する総合展示館が含まれた。環境面ではとくに力を入れたのが動水面で、自然の正しいサイクルを象徴して、水の合理的な循環使用によって給排水を節減するとともに、場内機構をコントロールするため、酸素気流、電子氷柱、人工太陽などの人工的な環境調整装置を設けるとしている。

3　丹下健三による三次案

（1）大阪万国博の会場は、農地と竹藪を伐り開いて造成された

しかし二次案から三次案は、大きく変わった。三次案は、二次案の田園都市格子型会場構造を否定したもので東京側が作成し、丹下健三がすべてを采配した。会場計画は、格子状とはまるっきり異なる放射環状型に変えられたのである。この変化でなにがおこったのか。西山がこの大転換を不服として、会場計画委員から脱退したのかどうかはわからない。しかし、二次案から三次案の劇的変化に

よって、大阪万博が「人類の進歩と調和」というテーマを会場計画でどのように実現したか、あるいは実現できなかったかがみえてくる。

二次案と三次案に共通していることは、千里丘陵の起伏に富み、小さな谷が入り組んだ竹藪と農地の複雑な地形が、東低西高の緩やかな現地形の傾斜を残しながらも、ほぼ真っ平らに造成されたことである。もとあった地形と自然性は完全に造成された平面に置き換えられた。つまり、自然と農村の文化景観が消失した上に万国博会場が設計されたのである。都市建設が自然破壊の上にあるということがここでも踏襲された。

造成された敷地に書かれた西山・丹下の二つの仮設都市の設計思想は、まったく異なっていた。西山案では格子ブロック型であったものが、丹下案では放射環状型になっている。

大阪万博は、会場用地として千里丘陵の里山・田畑二六〇ヘクタールを切り拓いて開催された。大阪市の北東約一五キロメートルにある万国博覧会の予定地は一九六〇年後半には、すでに開発が進んでいた千里ニュータウンが隣地にまで押し寄せて来ていた。標高二〇メートルから一五〇メートルの千里丘陵地は、南の平野に向かう幾本かの細かい谷で切り刻まれ、起伏のある地形で、浅い谷には、ため池が設けられ、民家と農地は谷部にあった。その背景の丘陵部には、千里地域に特徴的な竹林や雑木林が生育し、典型的な都市近郊農村の風情を残していた。

大阪万博会場は、起伏に富んで自然が豊かな千里丘陵の農村の風景を、約三〇〇ヘクタールにわたってほぼまっ平らに造成して姿を現した。造成地の中央南寄りに大阪を取り巻く中央環状線と将来の中国自動車道の国土交通幹線の自動車道が通り、東には吹田インターチェンジも同時に造成されている。

（2）田園都市型から放射環状型への大転換

この平らに造成された三〇〇ヘクタールの敷地というキャンパスに西山の二次案が丹下の三次案にどのように変わったのかを見てみよう。すでに二次案は西山らによって大阪万博三年前の一九六七年会場基本計画としてできあがっていた。その基本事項は三点に絞られた（日本経済新聞社、一九六六年、一七四頁）。

①万国博の会場が、科学技術の成果から人々のすぐれた創意工夫にいたるまで、人類社会にあまねく存在する知恵の結集をはかる、未来への実験場として計画されるとともに、会場全体が未来都市のコア（中核）のモデルとなるように構成する。
②会場の空間構成は、自由な創意による個々の空間の造型を前提としつつ、テーマの精神が十分に生かされるよう、総合的に、かつ全体として調和を保てるように計画する。
③展示スペースのほかに、人々のいこいやレクリエーションのための空間、さらに現代における新しいコミュニケーションとしての、人々の人間的な交歓の大デモンストレーションの場を計画する。

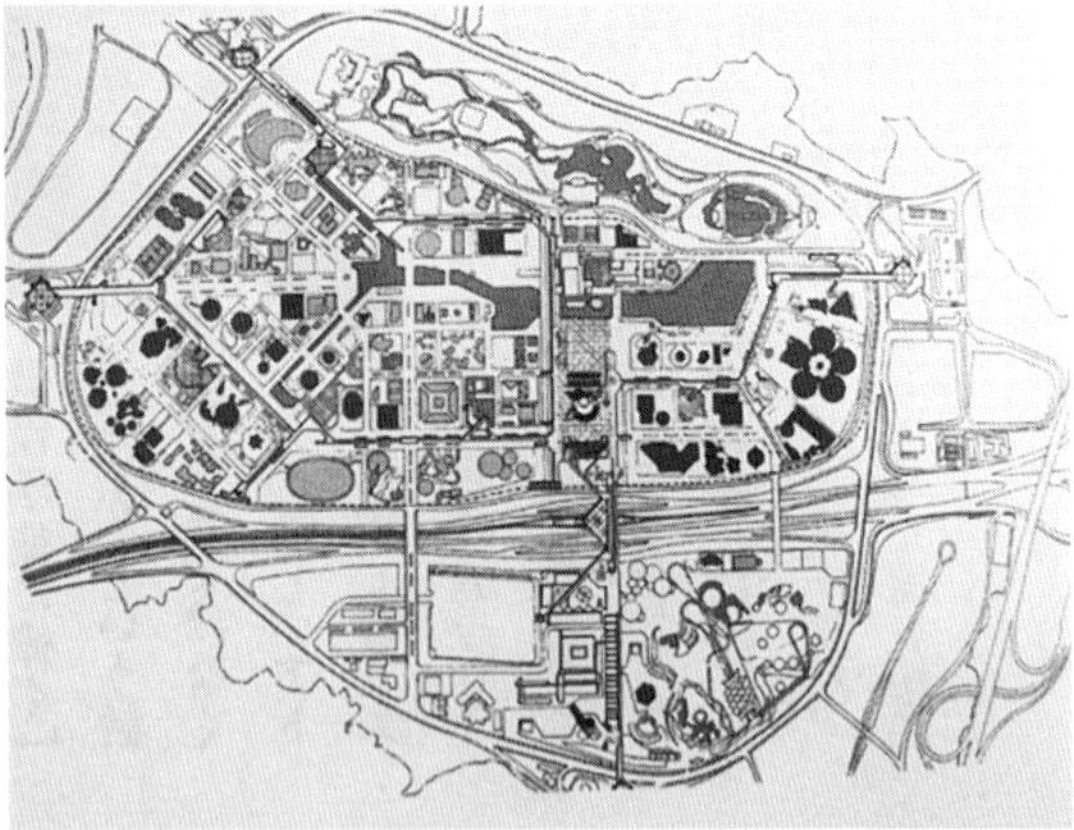

丹下健三による三次案

出典：槇・神谷（2013：265）。

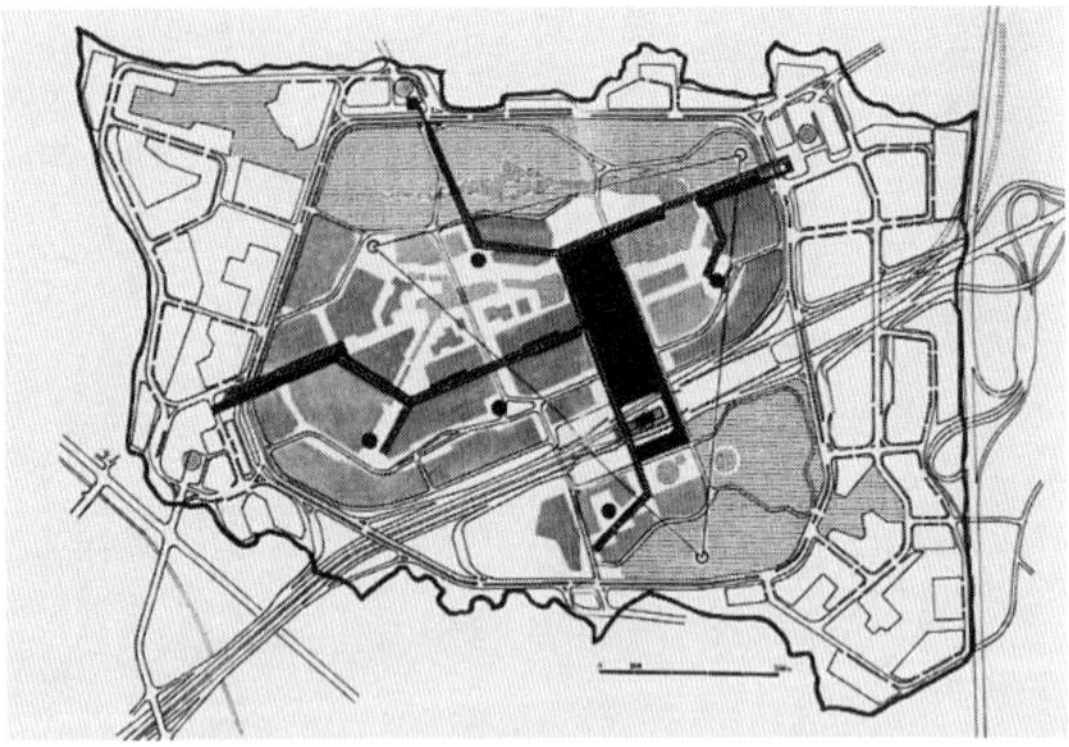

四次案

お祭り広場を核にして放射同心円型都市に拡張するモノレール交通体系。

出典：平野（2014：187）。

①では進歩性、②では総合性、③では大衆性が会場設計の重要な柱になった。
丹下案による三次案は、田園都市的なのんびりした二次案の空間をまったく拒否した設計となっている。敷地を南北に二分する巨大掘割をそのままにし、北を主会場にしている。その分、お祭り広場

は、北の主会場のみになり、小型になった。北と南は橋梁でつながれているだけになった。その小さくなったお祭り広場を中心に、放射状の街路が四方に広がり、幾本かの大小の環状型の街路が、放射状の街路に輪となってつながっていく。放射環状型の都市構造である。三次案にも水路と池を設けているが、二次案のように田園的な水辺風景を自由曲線によって自然的につくり出すのではなく、東西の放射型の幹線道路やメイン街路にそって、直線的な水辺になっている。庭園的な水辺の散策路は影をひそめ、直線的な土木運河の修景水辺に変えられた。約三三〇ヘクタール余の敷地の周りに、環状の道路（場周道路）を設け、その内部を会場とし、その外側に約二万台を収容できる巨大な駐車場、緑地などの関連施設を設けた。

場周道路の内側が展示館や催物施設などのつくられる万国博覧会の本当の会場で、入場料を取るのはこの部分だけである。その広さは一八〇ヘクタールで、一八九七年のブリュッセル万博（約二三〇ヘクタール）や一九三九年のニューヨーク世界博（約二六〇ヘクタール）よりやや小さくなっている。

メイン会場が都市的になったために、緑地空間が矮小化された分、主要会場の北に約二〇ヘクタールにおよぶ日本庭園と、中央環状線の掘割の南に遊園地であるエキスポランドを設けた。エキスポランドは、郊外の広い敷地で開催されるようになった万博会場におおむね設けられる遊園地気分の来客を迎える遊戯施設である。しかし、広大な日本庭園は主会場から別に設けられており、会場を緑地や水辺で修景し公園的な空地をつくりだすのではなく、日本政府が海外の万国博に参加するときに通常出展してきた日本庭園という出展物であった。会場の中で一つの展示物が大きいのは、違和感が否めない。日本の伝統をこれほどまで大きな面積を取って配置する価値があったのか。展示地区の北側には、日本式の庭園や古建築の復元を含めた広々とした日本庭園が設けられる。一方、中央環状道路の南側の部分には遊園地がつくられており、子供たちや若い人々の「遊び」の場を提供することになっている。

お祭り広場であるシンボル・ゾーンは放射環状型会場計画でも規模が縮小されながらも継承された。お祭り広場のなによりの特色は、会場の中央に、南北に長く中核的な施設を集めた「シンボル・ゾーン」である。このシンボル・ゾーンの南北の線と人工湖やその周囲の造園の東西の筋とが、日本万国博覧会の軸をなす。シンボル・ゾーンの中央には主入場門が配されており、これから北に美術館、劇場、それに「お祭り広場」といわれる屋根付きの大スタジアムなどが配置される。また南側には万国博の本部があり、その南側の高地に塔（ランドマーク）が立っていて、遠方からも万国博覧会の敷地を示すようになっている。シンボル・ゾーンの中央環状線の北側には、外国政府や内外企業の展示館が立ち並ぶ。

丹下は、西山が構想したお祭り広場を丹下自身の都市論から、未来都市の「都市センター」にその意味を改変した。つまり、未来都市の中心機能を付け加えたのである。丹下はいう（丹下、一九七〇年、一七九頁）。

実はスペースフレームを考えていたときからそういうことは予想されていたのですが、そこからカプセルをプラグインすることによって、スペースフレームそのものに、未来空間的な意味をもたせようという考えを、秘めていたのです。この大屋根は未来の都市の中心になる広場をや屋根でおおうべきであるという主張が一つ。もう一つは、スペースフレームに、未来の空間都市、立体都市の一つのモデルとしての意味をもたせようという、二つの意味を兼ねて、スペースフレームによる大屋根が考えられたといえましょう。

「お祭り広場」——巨大な屋根をもつ空間で、高さ三〇メートル、幅一〇八メートル、長さ二九〇メートルの広さ三ヘクタールという途方もない巨大な透明のフレームガラスの屋根がかけられる。北半分は催物の広場、照明、音響など大仕掛けな特殊な装置が備わった超大規模な行事が可能な広場。屋根の南部にはテーマ館。地上三〇メートル以上の空中庭園の展示館もつくられる。第一回ロンドン万博に展示された水晶宮の四分の三の大きさにも達するもので、巨艦主義の再来である。モントリオールのアメリカ館のバックミンスター・フラーの建築にも類似し、都市を大建造物で覆う新しい都市センターとしてデザインされた。西山の人間的な交流を目指したお祭り広場は、都市センターの一つの機能に閉じ込められたのである。

4　万博跡地の丹下の都市設計への野心

（1）未来都市への挑戦

三次案の会場設計を主導した総合プロデューサーである丹下健三は万国博覧会の会場設計にあたって、会期半年の期間の万国博覧会の会場だけをにらんで設計したのではなかった。このころすでに世界的な建築家として名をはせていた丹下は、都市計画にも大きな役割を果たそうとしていた。建築家が世界的な名声を得たとき、往々にして都市規模の建築設計に手を出し、より大きな仕事を残そうとする野心に駆られる。丹下もこの野心を万国博覧会会場の設計のチャンスに生かそうとしていたことは丹下の次の言葉からも明らかである（丹下、一九七〇年、一七一頁）。

この会場（万博会場）を都市計画的に考えてみますと一日に四〇万人とか五〇万人の人が入ってくる。その人たちは朝から晩までここで働きまわり、立ち止まったり、見物したり、食事をしたり、そういった生活をする。この会場は昼間人口五〇万人の都市と見ることができます。つまり、この会場全体を一つの生きた未来都市としてシミュレートすることができます。私たちがここで提案しました基幹施設は、万博会場を支える基本構造として働くものではありますが、しかし同時に、それは、この跡地が将来、一つの都市の中心として成長してゆくときにも、都心の基本構造として、生きのびてゆけるようなものとして、提案されているのです。ですから個々のパビリオンが、かりに将来それぞれ文化施設とか、オフィスビルに建て変わったとしても、十分都市として成り立つような基本構造として基幹施設が用意されております。そういう意味でシンボルゾーンとか、装置道路のネットワークを考えているわけです。

丹下の会場計画には、未来都市へ引き継がれていく期待が読み取れる。その期待を大阪府の副都心構想が裏付けている。丹下の構想した会場設計は大阪万博の会場設計にとどまらず、万博会場の大屋根祝祭広場を都市のコアとして、その都心から、周辺に拡散していくダイナミックな都市建設構想にあった。一日数十万も集まるお祭り広場から幹線道路が周囲に放射状に拡散していく。その沿線に多くのパビリオンが、木の葉のように整然と並んで立っていく。丹下は明らかに万国博跡地を新都市建設のコアとして未来都市を夢見ていた。

(2) 近畿圏の中枢都市構想のコアを狙った

丹下は会場設計が田園都市型から環状放射型に転換した背景を次のように述べている（同前書、一七二頁）。

それともう一つ、さっき経過のところでふれた問題ですが、未来都市のあり方を考えてみても、そこに建つ建物は、かなり多様性があって、画一化される必要はない。しかし、幹になる部分とか、枝になる部分でつなぎとめてゆく必要がある。まして万国博のときは、各パビリオンは、百花繚乱と咲かなければならない。そういう百花繚乱を認めながら、樹木にたとえるならばそれをささえる幹と枝として、基幹施設が提案されているのですが、それはある意味では、未来都市の幹と枝として理解することもできます。この会場はそのまま未来都市の都心になりうる基礎構造をもっていると考えていいかと思います。周辺にパーキング地域をとってありますけれども、周辺のパーキング地域は、あまり基礎構造をもっていませんから、あるいは森林公園に使ってもいいかもしれません。しかし、さらにその周辺には、千里ニュータウン、あるいは新しく開発可能な地域がたくさんありますから、それらを合わせて考えれば、近畿圏の中枢となるような一つの都市地域を考えることもできましょう。また万博のパビリオン敷地の部分は、その都市地域のコアと考えても、十分成り立つような構造を持っております。未来都市のコアをつくろうという考え方が、この万博を通じて、暗に考えられたわけです。

これは明らかに都市の発展をメタボリズムからとらえようとしたものである。メタボリズム一九六〇理論――新しいアーバニズムの提案――は、時代や異なった条件に応じて成長・変化するように、都市をデザインすること。基礎となる構造は恒久的だが、都市にとってのユニットは、茎にとっての花、木にとっての葉のように、その構造物に装着するものとされた。丹下の万博会場を起点とした未来都市の構想は、隣りの千里ニュータウンをその領域に組み込むことによって描かれている。ここに、丹下が千里ニュータウンを大都市圏大阪の中で、異った見方をしていることに気がつく。丹下は千里ニュータウンを、大阪都心の郊外の単一の住機能のベッドタウンではなく、大阪万博のお祭り広場を核にした新都市の都市街区として位置づけたのである。

千里ニュータウンは万国博覧会会場予定地のすぐ西隣には三五〇万坪（一一六〇ヘクタール）以上の広さをもつ、この新都市は万国博覧会が千里の土地に決定された一九六五年頃には約三分の一ほど完成していたが、一九七〇年の万国博覧会開催までには全部完成し、人口一五万人以上をもつ巨大なニュータウンとなることが予定されていた。また会場の北側には大阪大学の移転予定地が確保されている。このニュータウンや大阪大学の敷地も、大阪府が開発を進めるまでは、万国博覧会場の敷地と同じように未開発の地域であった。

千里ニュータウンは、一九六三年に制定された「新住宅市街地開発法」で、大規模住宅開発として建設された。この法制度の下で多摩ニュータウン（一九六六年）、泉北ニュータウン（一九六五年）、千葉ニュータウン（一九六九年）、筑波研究学園都市（一九六八年）、稲毛海浜ニュータウン（一九六九年）、横浜港北ニュータウン（一九七四年）、北摂ニュータウン（一九七〇年）など一〇〇〇ヘクタール以上の大規模開発が続いた。千里ニュータウンは郊外通勤型都市であったが、大規模であるがために、通勤大量輸送鉄道の駅の駅勢圏を重視し、通勤、通学、買い物による日常生活圏を駅を中心として住区を設定した。そこには田園都市がめざした職住近接という共同体の構成はなかった。中身を覗いてみると次のようである（小嶋、二〇〇八年、一〇六頁）。

千里ニュータウン（新住宅都市）の実施計画段階では(イ)行政的に独立した自治体ではなく、(ロ)人口四～五万人以上の都市的規模を有する住宅団地の集団であり、(ハ)通勤圏内の開発適地を選定し、(ニ)外部とは緑地で遮断し、(ホ)住宅地は近隣住区理論をモデルにした住区集団の組み合わせとして構成し、(ヘ)単位面積（ヘクタール）当たり一〇〇人以上とすること。（中略）これらの方針に従い実施計画においては住区の基本単位である近隣住区は六～七ヘクタール、住戸数二五〇〇～三五〇〇戸で一小学校と一～二近隣センターや児童公園を設け日常生活圏を構成している。三～五の近隣住区のまとまりが上位の地区を構成し、それぞれの地区の中心には鉄道駅、バスターミナル、専門店街などを設けた地区センターを配している。中央地区には住宅地全体を利用圏とする百貨店など大型店舗、ホテルなどを設け、さらに北大阪の副都心として機能すべく業務施設の立地を誘導することを意図した。

丹下は、この住居単一機能の千里ニュータウンを取り込み、さらに北摂山系に向かって都市化していく新郊外や既存の吹田市や豊中市の一部を領域に組み込んだ五〇万人規模の自立した職住一体の新都市を構想していた。

5　メガストラクチュアのアナクロニズム

（1）軸構造から放射環状型大都市構造へ

一九七〇年大阪万博が始まって、連日数十万人もの人々が押し寄せている姿を見て丹下は、この地が将来の大ビジネスセンターの都心になることを確信したのではないか。東京オリンピックで代々木の体育館を設計して一躍、丹下の名が世界を駆け巡った。丹下は次第に都市の設計に仕事の領域を拡大させていた。コルビジェのインドでのシャンディガールの都市設計やパリの三〇〇万人新都市設計に触発されて都市設計を建築家として腕をふるうことに情熱を燃やしていた。丹下の都市設計では、広島の平和記念公園の仕事は秀逸である。建築という造形物の延長として都市を改造する丹下のみごとな手法に、多くの都市計画家は賛辞を送った。この造形手法を用いて、丹下は大阪万博の会場設計をした。それが放射環状型の第三次案の構想であった。しかし、丹下のこの案は極めて中途半端な構想であったことは、跡地利用計画で、新都市のコアが否定され、実現しなかったことでもわかる。これについては次章に展開するが、丹下の都市計画手法は、更地に大胆な造形物としての都市を思いっきり自由に描くことであったからである。丹下が大都市の改造計画を打ち出した「東京計画一九六〇」がそれである。東京の無秩序な大都市化の解決のために、大都市東京の内部の矛盾を解き明かすことなく、誰も住んでいない、地価も設定されていない場所に新たに都市を拡張することによって大都市の問題を解消しようとする手法であった。

一方、大阪万博跡地には、すでに万国博のために多くの投資がなされ、仮に都市センターとして周辺に放射環状型構造を拡張していくとすれば土地の権利調整や開発の思惑、環境問題等の解決してゆかねばならない。メタボリズム的発想で大胆な都市の骨格を描いて済むものではない。しかし、丹下はここで、一〇年前の東京で模型だけに終わった「東京計画一九六〇」構想による東京大都市圏大改造計画の夢を、大阪万博の地で実現できると確信したに違いない。そう信じてお祭り広場を核にして周囲に拡張していく放射環状型会場設計を採用した。それは都市をメガストラクチュアで改造する丹下の夢であった。しかし、メガストラクチュアの手法は、二〇世紀に入ると、環境の時代や経済成長の限界などから、都市計画手法として行き詰まりを見せていると同時に、アナクロニズム時代錯誤とさえいわれるようになっていた。

(2) 丹下の東京計画一九六〇の検証——メガストラクチュアのアナクロニズム

丹下の「東京計画一九六〇」を検証してみよう。丹下と同じ東京大学の建築の教授として、最も身近に丹下をみてきた建築家、藤森照信に次のような証言がある（高山他、一九七二年、二八六頁）。

一九六一年、NHKの新春番組で斬新な東京の都市計画案を提案した。丹下は美しく描かれた配置図によって、高度経済成長の上り坂を進みはじめた日本の夢をかきたてたのである。単なる空想や思いつき、あるいは官僚の退屈な図面と違って、その計画は日本と東京の未来に豊かな希望を与えるものだった。まず、図面には大きく東京湾が中心に据えられる。ブラックボックスの東京湾に目をつけた。その東京湾には都心から太い背骨のような軸が延びていた。はるか富士山から発し、新宿・池袋を経て、皇居を挟んで都心を横切り、東京湾に突き出て木更津に至る。二本の道路に挟まれた帯状の軸である。具体的には高速道路・鉄道とそれを支える構造物であり、「中央官庁地区」「オフィスビル地区」「ショッピング・ホテル地区」などが設けられて構想ビルが連なり、軸に直交して、左右にひろがる道路に「住宅地区」が海上に散らばる。（中略）

都市成長こそが東京の活力を支えている。いまや時代は第二次産業を中心とした工業社会から、第三次産業を核とした情報社会へと移行しつつある。情報社会とは、サービスやコミュニケーションが相互に結びあい、関係しあうことによって成立する。東京は情報化によって新たな発展をとげようとしている。いわば、都市に集まった人々のコミュニケーション、会議、出会い、会話、電話、コンピューターが経済を支え、新しい社会をつくる時代が目の前に来ているのだ。未来のためにこそ、東京は改造されねばならない。成長を促進し、方向性をもたせるために。巨大都市を放置しておけば、今までのように同心円的な拡大、すなわち郊外への拡散と交通問題を生む。すると人々は交通混雑や過密により、情報社会に対応するためのコミュニケーションのための場、出会い、話し合い、会議するための機会と時間を失ってしまう。つまり放任された東京をコミュニケーションの阻害、不活性化と言う弊害から救い、情報社会にソフトランディングするためにこそ、都市改造が必要なのだ。そこで丹下が提案したのが、東京湾と言うフロンティアに向かって、都心を線型に延長する計画だったのである。来るべき情報社会への予言と、それを見事に東京湾に図化した丹下の都市計画案。それが東京計画一九六〇であった。（中略）

世界の古今東西の都市の歴史を見ても、中心となる都市の核が線上に伸びた例はないが、丹下にとっては、止まった点ではなく、走る線こそが、自分の弁証法的感覚に合っていた。計画の肝所となす伸びる中心軸は、実は、自分の造形感覚から出てきたのもかかわらず、論文の中では、社会の動き、交通の動きから、巧みに伸びる軸の合理性を説明してみせる。（中略）

しかし、現実には、政府の同心円的首都整備計画は微動だにせず、今日まで着々とすすめられ、その一環としての湾岸の開発が実現した。

政府が進めている東京を同心円状に拡大する首都整備を「仮想敵」にして、都市の核を線上に海上に伸ばそうとした計画は、結局図上で表現されただけの幻の大都市改造計画になった。しかし、丹下は東京で実現できなかった都市規模の都市改造を、大阪万博の会場設計で挑戦した。しかし、その挑戦は、巨大な建造物のスペースフレームの都市センターであり、さらに丹下が最も嫌った同心円状に拡張する放射状都市構造だった。そして、この野心的な大阪万博の仮設都市も、東京大学教授の高山英華によって、葬り去られることになる。この経過については、第Ⅱ部で述べる。

第Ⅱ部　大阪万博以後

第六章　「人と自然の新しい関係の再建」をめざした都市公園への転換

1　地球規模の環境とエネルギー問題

(1) 跡地を何も決めずにスタートした大阪万博

「人類の進歩と調和」をテーマとした国際博覧会（第一種一般博覧会）である大阪万博は、一九七〇年三月一五日から九月一三日までの一八三日間、参加国七七ヶ国、四つの国際機構などの参加を得て開催された。約三三〇万平方メートルの敷地に一一六のパビリオンが並び、総入場者は約六四二二万人（日本の総人口の三分の二に当たる）を記録した。日本最初の万国博覧会は大成功裏に、無事終了した。一〇年にわたって続いた高度成長の収斂であり、人々は平和に酔いしれた。大阪万博終了と同時に、万国博会場から、その年の内にパビリオンの多くが撤去されて、裸地が現れた。万国博覧会の開催中から、万博跡地の利用が盛んに討議された。関西の財界はこぞって、東京一極集中の是正のために、万博跡地には、国の行政機関や中枢管理機能を持つ施設、大学や研究機関を集中的に立地させる研究学園都市等の建設、あるいは東京が災害にあった場合に首都機能を補完できる第二の行政府をつくるなどの案が出された。開発コンサルタントは、模型まで作って財界案を提示した。万博終了にいたっても、土地利用についての方針は決まっていなかった。今枝信雄の証言をみてみよう（梅棹、一九七八年、一一三頁）。

日本万国博覧会のときには、おわったあとのことをなにも決めずにスタートしたのです。いよいよおわるという段階ではじめて、あとをどうするかということになって、九月一三日に博覧会がおわってから、大蔵大臣の諮問機関として二五名の学識経験者があつまって、「万国博跡地利用懇談会」というものができまして、そこでどうするか議論がはじまったわけです。

これまでの欧米の万国博では、会場の跡地利用を重視して、会場計画の段階で跡地利用計画を決め、これを前提にした会場を建設し、有効に跡地を利用している場合が多い。一八五五年から一八三七年にかけて、五回にわたって開かれたパリ博では、万国博を機会にパリ中心部全域の都市計画を実施した。パリ名物のエッフェル塔や美術の殿堂のシャイヨー宮殿、美術展示や見本市などが開催されるグラン・パレ、プチ・パレ、また地下鉄、アレキサンダー三世橋なども万国博の遺産である。

一九三五年のブリュッセル万博の跡地はヘイゼル公園となり、その後の一九五八年のブリュッセル博における記念建造物「アトミウム」は万国博のシンボルとして、いまでも観光客が絶えない。

ウィーン万博（一八七三年）の跡地は、ヨーロッパ随一の規模を誇るプラッター大公園になった。

シカゴ万博の跡地は、二つの公園とスタジアムになり、当時の美術館は科学技術館として残されている。ニューヨーク万博（一九六四年）の跡地は、公園となり、科学館のほか野外ステージ、ニューヨーク州館などがレクリエーションセンターとして残っている。シアトル万博の跡地は、科学博物館、競技場、オペラハウスなどを含む市民センターになった。モントリオール万博でも、会場後に美術館、劇場、スタジアム、娯楽施設が残されて公園になり、開催時につくられた地下鉄、ハイウェーは、いまも公園へ観客を運んでいる。以上のように過去の万国博の跡地は、ほとんどが公園や文化施設になっており、その都市の発展に大きく寄与している例が多い。一方、一九七〇年の大阪万博の跡地は大阪の財界を中心に東京一極集中に対抗して各省庁の機関や研究所を誘致して、関西の地盤を高めようとする案が多く出ていた。大阪府ももともと跡地を都市センターにする計画を立てていた。丹下の大阪万博会場の計画も、都市センターを前提に計画されていた。

（2）水俣病と沈黙の春

しかし、日本は、一九五〇年頃から大気汚染、水質汚濁などの公害が顕在化し、一九七〇年頃には、全国各地の工業都市では、公害が常態化していた。熊本県の水俣病は公害がもたらす深刻な工業化の負の遺産を日本と世界に知らしめた。水俣病は、工場から水俣湾に流される工場排水に含まれる重金属が、魚の体で濃縮され、その魚を食べた水俣の人々が発症した病気である。四大公害の一つといわれた。河川や海水の水質汚濁は全国で次々と現れ、一九五八年本州製紙による江戸川漁業被害が発生した。一九六五年には第二の水俣病とされた昭和電工による新潟水俣病が発生した。一九六〇年の四日市ぜんそくは、工場から排出される硫黄酸化物の煙による大気汚染が原因であった。大阪伊丹空港では騒音問題がおこった。そして、一九七〇年には光化学スモッグが東京で初めて確認された。続いて大阪でも大きな問題になった。晴天の昼でもスモッグで青空はおおわれ、学校の運動場で遊ぶ子供たちは、バタバタと倒れるという事態にまでなった。大阪平野は狭く北、東、南を北摂山系、生駒山系、泉北山系に囲まれ、西に開いた海から風が内陸部に吹き込む。その海岸線を埋め立てて建設された臨海工業地帯の工場のコンビナートの煙突から排出される煙が大阪湾から内陸部の盆地に流れこんで、大阪市街地の上空に滞留した。公害とは、経済合理性の追求を目的とした社会・経済活動によって、環境が破壊されることにより生じる社会的災害である。主として企業の事業活動によるもので、広範囲な地域に影響が及ぶ。大気の汚染、水質の汚濁、土壌の汚染、騒音、振動、地盤の沈下、悪臭などが挙げられる。これらによる被害は、人の健康を損ない、人の生活環境やその生活環境を支える動植物の生育環境を破壊することを意味している。

環境汚染が人体をむしばむ事件は世界中の工業国でおこった。レイチェル・カーソンは、『沈黙の春』（一九六二年）を発表し、農薬で利用されている化学物質の危険性などを取り上げた。自然の生態系の中の「食物連鎖」と「生物濃縮」がもたらす汚染物質の人間への影響を告発した。このような中で、大阪万博の跡地への都市センター建設の否定と自然の再建への決断が下されたのである。

（3）万博跡地に影響を与えた一九七〇年前後の世界の動き

大阪万博が閉幕した一九七〇年の二年後の一九七二年、国際連合人間環境会議（ストックホルム会議）で環境問題とともに資源エネルギー問題も取り上げられた。この会議は、環境問題についての世界で初めての大規模な政府間会合であり、キャッチフレーズは、「かけがえのない地球」（*Only One Earth*）であった。一一三ヶ国が参加したこの地球サミットで、環境問題そのものに人々の目を向けさせたことが、環境保護運動の始まりとなった。『成長の限界』が出版されたのは一九七二年である。ローマクラブが資源の枯渇と地球の有限性に着目し、マサチューセッツ工科大学のデニス・メドウズを主査とする国際チームがとりまとめた研究で、人口増加や環境汚染がこのまま続けば、一〇〇年以内に地球上の成長は限界に達すると警鐘を鳴らした。折しも、この翌年の一九七三年と一九七九年にオイルショックが起こった。原油の供給逼迫および石油価格の高騰と、それによる世界の経済混乱が始まった。一九七三年第四次中東戦争が勃発、石油輸出国機構（ＯＰＥＣ）加盟産油国のうちペルシャ湾岸の六ヶ国が、原油公示価格を七〇％引き上げることを発表した。さらに翌日アラブ石油輸出国機構（ＯＡＰＥＣ）が、原油生産の段階的削減を決定した。石油価格の上昇と輸出削減は、エネルギー源を中東の石油に依存してきた先進工業国の経済を脅かした。一九六〇年代以降エネルギー源を石油に置き換えていた日本は、列島改造ブームによる地価急騰で急速なインフレーションが発生していた中で、石油危機により相次いだ便乗値上げなどにより、さらにインフレーションが加速し、景気を直撃したのである。

化石文明の負の遺産をめぐる地球規模の環境問題の高まりの中で、高度経済成長を前提とした開発路線に批判が集中した。一九七〇年以降、公害やエネルギー問題の資源・環境問題が、開発至上主義で突っ走って来た文明の進歩にブレーキをかけることになった。

このような一九七〇年前後の世界の動きの中で、大阪万博の祝祭という宴の後に開催された大阪万博跡地利用懇談会で、万国博覧会会場跡地は都市センター開発ではなく、「緑に包まれた文化公園」という大規模公園にすることが決められた。万博跡地の都市センター開発の否定と自然再建の決断は、地球環境時代の先駆けの事業として注目された。今までの開発志向の都市建設にブレーキをかけると同時に、都市計画に新しい道を促すことになった。こうして「緑に包まれた文化公園」である万博記念公園が誕生したのである。一九七〇年を起点にし、二一世紀の今日にいたる環境保護の世紀の時代の先駆けとなる。「奇跡」的な決断であった。

2　「人類の進歩と調和」は、万博公園で達成された

(1)「人類の進歩と調和」に描かれた理解と寛容による調和的発展

大阪万博で掲げられたテーマは「人類の進歩と調和」であった。テーマの最も重要な部分には次のようなメッセージが組み込まれていた（記録③、一九七二年、五七頁）。

私たちも、一九七〇年を期して大阪において、国際博覧会条約に基づく万国博覧会を開催することとなった。私たちは過去における万国博覧会の慣例と成果を尊重しつつ、しかも東西を結ぶ新しい理念に基づいて、このアジアにおける最初の万国博覧会を人類文明史にとって意味あるものであらしめたい。すなわち、現代文明の到達点の指標であると同時に、未来の人類のよりよき生活をひらくための展開点としたいのである。

(中略)

しかしながら世界の現状をみるとき、人類はその栄光ある歴史にもかかわらず、多くの不調和になやんでいることを率直に認めざるを得ない。技術文明の高度の発展によって現代の人類は、その生活全般にわたって根本的な変革を経験しつつあるが、そこに生じる多くの問題は、なお解決されていない。さらに世界の各地域には大きな不均衡が存在し、また地域間の交流は、物質的にも制度的にも、いちじるしく不十分であるばかりか、しばしば理解と寛容を失って、摩擦と緊張が発生している。科学と技術さえも、その適応を誤るならば、たちまちにして人類そのものを、破壊にみちびく可能性をもつにいたったのである。

このような今日の世界を直視しながらも、なお私たちは人類の未来の繁栄をひらきうる知恵の存在を信じる。しかも、私たちはその知恵の光が地球上の一地域に表現されて存在するものではなく、人間あるところすべての場所に、あまねく輝いているものであることを信じるものである。この多様な人類の知恵がもし有効に交流し刺激しあうならば、そこに高次の知恵が生まれ、異なる伝統のあいだの理解と寛容によって、全人類のよりよい生活に向かっての調和的発展をもたらすことができるであろう。

（2）「人類の進歩と調和」の「進歩」は破壊で始まり、「調和」はなかった

大阪万博が掲げたテーマ「人類の進歩と調和」には、工業文明の進歩とそれがもたらした負の遺産を如何に調和させるかが含まれていた。しかし、絶賛を浴びて終幕した大阪万博の展示は、工業化達成した進歩に集中していた。大阪万博の会場で日本が展示し発信したものは、近代化に遅れてきた日本が非ヨーロッパ世界で初めて欧米に工業面で追いついたその進歩の成果の展示であった。日本で初めての工業製品すなわち携帯電話などは技術の進歩を示す日本が誇る日本発の製品であった。メイド・イン・ジャパンの製品は世界を駆け巡っていた。大阪万博は、六四〇〇万人の入場者を集めた。万国博覧会史最大の入場者で、約三〇〇億円の利益を出した。それは、「人類の進歩」を体現する祭典であった。しかし、その同じ会場にもう一つのテーマである「調和」を表すものは見当たらなかった。

「技術文明の高度の発展によって、現代の人類は、その生活全般にわたって根本的な変革を経験しつつあるが、そこに生じる多くの問題は、なお解決されていない」と大阪万博のテーマが指摘したところの「多くの問題」とは、すでに述べた工業製品やその材料を製造する工場から排出される汚染物質による大気汚染や水質汚濁がもたらす健康被害、さらに、モータリゼーションの進展による排気ガ

ス、交通渋滞、交通事故、人間疎外といった生活環境の劣悪化にみられる文明の進歩の負の遺産であった。

大阪万博ではこのような負の遺産に対する技術的解決、技術革新の展示は皆無であった。テーマの調和への関心は、展示でみる限り希薄であった。会場設計においては二五ヘクタールもの日本庭園が設けられた。が、日本庭園地区は万国博覧会の日本の伝統文化の展示施設であって、万国博覧会会場を一つの都市と見立てた場合の緑地や公園を生み出すという視点はなかった。大勢の人々が行き交う一〇〇ヘクタールにも及ぶパビリオン展示地区には、建築物や立体のモノレール、固い路面があるばかりで、緑陰の街路や広場は猫の額ほどでわずかであった。

そもそも、万国博会場そのものが、千里丘陵地の自然や農地を造成して建設された、破壊の上の万国博会場である。そこには、高度な技術や建築物で埋められている風景はあっても、自然と調和する風景はなかった。大阪万博が、日本人が達成した技術の進歩に酔いしれる祭典であって、文明がもたらす負の遺産をどう解決するかという「調和」は、見過ごされていた。パビリオンが撤去された跡の裸地をみる限り、破壊された千里の自然のむき出しの姿のみが目立つ宴の跡であった。そうして、大阪万博のテーマ「調和」は、万国博跡地の利用計画に託された。大阪万博の「人類の進歩と調和」は、大阪万博とその跡地のなかで「万博の森」という形で奇跡的に実現したのである。

（3）跡地の万博の森で、「人類の進歩と調和」が実現された

大阪万博跡地利用懇談会は、跡地を都市センターにする開発案を拒否し、「緑に包まれた文化公園」に転換した。万博の森の誕生は、奇跡の出来事であったといってもよい。その奇跡の万博の森は、進歩に対する「調和」の象徴である。

万国博を論ずる場合、万国博のみに焦点を当てられがちであるが、万国博はあくまで半年の仮設舞台であり、その跡地がどうなったかは見過ごされがちである。今までの万国博の歴史では、万国博とその跡地利用は重要な一体化された事業であり、跡地をどうするかは、開催した都市のみならず、跡地に建設される各種の施設が、その国の未来をどのように指し示すかの尺度にもなる。万国博の評価はその跡地はどのように活用されたかも大きな評価の一環になる。

「緑に包まれた文化公園」のテーマの一つは、万博会場建設によって失われた自然の再建であり、このことは、都市計画上の転換を意味した。開発を進歩とみる都市センター案に対して、「自然再建」は調和である。このところを跡地利用懇談会の決定を受けて基本計画書を策定した高山英華は、「自然再建」について次のように述べている（高山他、一九七二年、八一頁）。

身近な生活環境から自然や緑地が次第に遠のきつつある。しかも遠のいた自然そのものも人間の開発によってその姿を変えつつある。自然と人間の新たな関係を確立することが地域計画・都市計画の急務の課題となってきたのである。万国博の会場跡地が、一括して公園利用されること

になったことは、このような趨勢に対する施策として時宜にかなった極めて有意義なことであると思われる。それは単に大阪近郊の市街地内に豊かな緑地を確保できたということにとどまらず、ここでの公園づくりが広く今後の国土の緑化に寄与し得ると考えられるからである。これまでわが国では必ずしも十分な公園づくり、緑地づくりの体験をもっていない。従ってその造成や運営のしかたについての蓄積も浅い。今後この記念公園で展開されるさまざまな試みは、その多くが新しい実験であると言える。その結果はこれからの公園づくりに貴重な資料を提供し得るはずである。記念協会による一括的な管理運営は特にこの点で前例のない優れた結果をもたらすことと期待される。

（4）四つの奇跡が、万博記念公園をつくった

大阪万博の跡地の都市センター建設案から万博記念公園への転換は、その理念である「緑に包まれた文化公園」を具体的につくりあげた次の四つの奇跡によって実現したと集約できる。

第一は、都市センターを否定して「人と自然の新しい関係の再建」を目指した都市計画への大転換である。具体的には、都市センターから「緑に包まれた文化公園」への転換は、近代都市計画が辿ってきた巨艦主義、メガストラクチュア主義の開発を否定し、人間と自然の新しい関係による都市計画のムーブメントを万博公園の誕生を契機として建築家丹下健三から都市計画家高山英華への流れの中で築いた。

第二は、文化公園の具体化として「文化相対性による文化の多様性展示」をめざした世界で初めての民族学博物館という文化の殿堂を公園の中に建設したことである。万国博では民族単位の仮面や像を収集し、文化人類学的思考である文化相対主義的な視点から展示をし、これまで欧米の万国博で繰り広げられていた民族間の優劣性や文明の進歩史観とは異なる展示をした。その成果を跡地に建てられた民族学博物館として梅棹忠夫が結実させた。

第三は、「宇宙の中の人類の視点」から現代文明が陥りがちな進歩主義に芸術のモニュメントとして警鐘を鳴らす太陽の塔の登場である。岡本太郎の太陽の塔は、跡地利用懇談会では会場から撤去される予定であったが、地域住民からの要望で太陽の塔は残された。撤去から存置への転換は、近代の技術主義・機械主義が陥りがちな非人間性への回復という現代社会に投げかけられた命題が浮かびあがる。ここには、近代都市計画に対する警告と太陽系の家族である地球から見た人類の位置を探る強い意志をうかがうことができる。

第四は、万博公園の中核になる自然文化園地区の設計は、人と自然の新しい関係を生物多様性の生態系を、日常のレクリエーションの場で風景として実現した「人と自然の共棲の森」であり、造園空間として新種の庭園「生物多様性のある回遊式風景庭園」を登場させたことである。一九七〇年の万国博覧会直後におこったこれら四つの奇跡は、二一世紀への都市建設や文明の未来に大きな展望を投げかけることになった。大阪万博のテーマ「人類の進歩と調和」は、跡地利用でおこった四つの奇跡によって、「調和」の項目が満たされた。調和に向かって四つの奇跡がどのように起こったかを次に述べる。

3　都市センターから「緑に包まれた文化公園」へ

（1）大阪万博跡地利用懇談会は、跡地を「緑に包まれた文化公園」にすることを決定した

跡地の都市センターとしての活用が大阪府や関西財界から期待されていた。しかし跡地がどうあるべきかの議論も始まっていない頃に、公園化の方向を決定づけるような政策が進行していた。大阪府は会場用地の買収に関連して、一九六七年一〇月、展示地区の中央部一二九ヘクタールを、吹田市都市計画千里丘陵公園として都市計画決定し、同年二月、計画事業決定をした。懇談会での論議とは別に、土地の買収という中で、公園的利用を決定したことは、異例であった。一九六七年といえば、丹下・西山による万国博会場の基本計画が同時に進行している最中であったから、この時点で公園化という方針が土地利用として法的に確定していたことになる。この事業決定の趣旨は次の通りであった（記録③、一九七二年、三六七頁）。

近年における都市の広域化、過密化の進行と合わせて生活水準の向上に伴うレクリエーションスペースを確保する観点から、広域圏（国土圏、近畿圏）および大阪都市圏における公園の必要性とその位置づけを検討し、万国博の記念性を配慮するとともに、会場への交通機関、地形、利用

対象、利用形態を想定して、およそ次の４地区に分けて利用しようとするものである。
①シンボルゾーンの東側は万国博施設の利用を含めて、万国博開催を記念する地区とする。
②シンボルゾーンの西側には、子供、家族地区および青年地区を設ける。
③北側一帯は、日本庭園地区と森林地区とし、静的な地域とする。
④以上の三つの地区の中枢的地区として池を活用し、東西・南北の両側の周辺を万国博を記念する広場とする。

以上からわかることは、一二九ヘクタールの千里丘陵公園としての都市計画決定は、大阪府が土地購入のために先手を打って府有地としたと考えられることである。

政府は一九六九年五月、万国博担当大臣の諮問機関として大阪万博跡地利用問題懇談会を発足させることを決めた。懇談会は同年七月大臣に次のような答申をした（同前書、三六七頁）。

①跡地は全体をひとまとめにして使い、切り売りしてはいけない。
②日本万国博を永久に記念するものをつくる。
③文化施設と緑地を組み合わせて公園的な性格のものとしたい。
④万国博施設のうち、どれを保存し、どのように使うかなどの運営については、跡地利用審議会（仮称）を設けて検討する。

しかし、この時点では一括して国が買い上げるかどうかは結論がつかなかった。

同年一〇月政府は、跡地利用や余剰金の処理などについて検討するために、大阪万博跡地利用懇談会を設置し、座長に宇佐美洵日本銀行総裁、座長代理に茅誠司東京大学名誉教授を選んだ。懇談会は地元の大阪府、大阪市、吹田市の跡地の意向を聞いた。おおむね、記念公園にする方向で大きな意見の差異はないが、大阪府は、協会本部ビル周辺の五〇ヘクタールに関しては、国際的、広域的な施設や諸機関を誘致することを望んだ。

同年一二月大蔵省で開催された懇談会で、「跡地は万国博の開催にふさわしい〝緑に包まれた文化公園〟とし、この中に平和を追求するピース・リサーチ（平和探求）の研究所などを設置する」との基本方針が決められ、福田赳夫大蔵大臣に昼間報告として答申された。

（2）万国博覧会跡地利用の基本的方向について

万国博覧会跡地利用委員会では、「緑に包まれた文化公園」について次のように記されている（同前書、三六九頁）。

【まえがき】

（前略）日本万国博が真に有終の美を飾るためには、会場づくりや会期中の円滑な運営とともに、跡地を立派に利用していくことが不可欠である。万国博会場の跡地は諸外国の例を見ても、貴重な国民的財産というべき性格のものとなっており、かつ跡地の利用いかんは、わが国の将来にとって重要な意味を持つものと考えられる（後略）。

【土地利用について】

①跡地は統一した計画に基づいて一括して利用すべきである。

万国博跡地の利用に当たっては、まず、大成功をおさめた日本万国博の開催を記念するにふさわしいものでなければならない。このためには跡地を統一した計画のもとに一括して利用することが、絶対の条件である。

（中略）

万国博の跡地は、貴重な国民的財産であり、その立地条件においても、大阪、京都、神戸という大都市に近接する交通の要衝として、今後、近畿圏の中心になりうる可能性を持つのみならず、日本全体からみれば東海道メガロポリスと瀬戸内メガロポリスの接点として、将来にわたって大都市整備構想における一つの拠点としての意味を有している。

（中略）

また、国際社会におけるわが国の地位の向上や国際交流の活発化に伴い、将来、日本において大規模な国際的、国家的行事がしばしば催される可能性が強いが、万国博跡地をこのさい一括して保有しておくことにより、その候補地として検討しうる余地を残すことにもなる（後略）。

②全域を、日本万国博を記念する広い意味の「緑に包まれた文化公園」とし、内外多数の人々が

自由に楽しめる魅力あるものとする。

日本の大都市、特に大阪においては、市民のいこいの場となる公園緑地が少ないし、都市対策の上からも周辺に早めに公園緑地を設けておくべきだと考えられる。（中略）記念公園の性格としては、日本万国博が「人類の進歩と調和」をテーマとした国際的行事であり、国内的にも大盛況であったことなどを考えると、それは内外多数の人々は自然に足を向けるような開かれた魅力ある公園として、人々の日常生活に密着し、老若を問わず時自由に楽しめるものでなければならない。（中略）なお、大阪大学用地をはじめ、接続地についても、この公園と調和のとれた利用が必要であろう。
③具体的な計画は、ある程度時間をかけてマスタープランをつくり、逐次実現すべきである。

（3）都市センターの否定——大屋根・太陽の塔・エキスポタワーの撤去

一九六九年一〇月の万博跡地利用懇談会で、都市センター案が否決され「緑に包まれた文化公園」が採択されたが、その中身はまだ明確ではなかった。ここで特に注目すべき事項が散見される。跡地利用の基本計画の中で、跡地が東海道、瀬戸内メガロポリスの接点になり、広域交通体系の中枢として、将来の大都市整備の拠点としての重要な立地特性をもっているとの指摘である。このことは、万博跡地が緑に包まれた文化公園として都市センターを否定してきたにもかかわらず、依然として、大阪大都市圏並びに国土軸からも、万博公園が国の重要な中枢管理機能をもつ拠点として期待されていることがうかがわれる。

もう一つは、「この（緑に包まれた文化公園）の中に平和を追求するピース・リサーチ（平和探究）の研究所などを設置する」という基本方針が決められていることである。文化公園施設の範疇としてピース・リサーチと極めて具体的な名前が示されている。この二つの申し送りを含んだ万博跡地利用懇談会の答申を受けて、大蔵省は土地所有問題などの具体的な事業へと進んでいった。会場跡地の約二分の一に相当する日本庭園を含む中央部の展示地区一二九ヘクタールを大蔵省予算で、大阪大学用地三三ヘクタールを文部省予算で、それぞれ国が買い上げることにした。残った問題は、先の日本万国博覧会後処理委員会で検討対象外となっていた大屋根、太陽の塔、エキスポランドおよびそれらの関連施設（エキスポタワーを含む）の処理であった。この問題を検討するために、懇談会に小委員会を設置した。小委員会は茅東大名誉教授らで構成され、アドバイザーとして丹下基幹施設プロデューサー、岡本太郎テーマ展示プロデューサーが出席した。懇談会は小委員会の報告を受け、福田赳夫大蔵大臣に答申した。答申内容は、実に驚くべき内容であった。「お祭り広場関係の施設、大屋根、太陽の塔などの施設は、万国博の原則に基づいて撤去する。とくにテーマ展示空中部門、空中観覧席、演出装置などはできるだけ早く撤去することが望ましい」とまで指示していた。丹下、岡本はこの指示をどのような気持ちで受け止めたのか。

第一回のハイドパークで開催されたロンドン万国博覧会の目玉建築であった水晶宮は、当初は解体撤去する予定であったが、保存を望む声が強く、別の場所で再建された。パリ博でのエッフェル塔も仮設建築として撤去を前提に建設された。しかし、撤去は回避され今日パリの名所になっている。大屋根も太陽の塔も、エキスポタワーも万国博に記憶をとどめておくには格好のモニュメントになるはずである。しかし、小委員会はいともあっけなく、アドバイザーの目の前で、それらの施設を撤去と決定した。これはどういうことだろうか。

この決定は明らかに都市センターへの拒否としか読めない。一九七〇年の時代の気分は、これ以上の開発を抑制するかのように、都市センター的開発を否定したのである。そして、この決定の具体的な実施をマスタープラン作成に委ねた。「マスタープランの作成は、当懇談会とは一切切り離し、跡地を一括管理する新しい主体に委ねるのが適当である」として、「暫定存置や撤去時期を延期している施設については、時間的なプログラムを加味してマスタープランをつくることにし、とくにシンボル関係の利用計画は、できるだけはやく検討することが望ましい」と撤去決定を逃げている。この申し送り状は、万国博覧会の成功のシンボルを、保存運動がおこる前に早く撤去すべきとも聞こえる。新しい万国博覧会跡地利用懇談会委員は刷新され、新たな学識経験者は石原藤次郎京都大学教授、梅棹忠夫京都大学教授、茅誠司東京大学名誉教授、高山英華東京大学教授、そして丹下健三東京大学教授であった。そしてこの懇談会で、専門小委員会が設けられその委員会メンバーは、茅誠司、芦原義重、鈴木俊一、高山英華、熊谷典文であった。そこには丹下の名前がなかった。一九七一年三月政府は閣議で、福田大蔵大臣から万国博覧会跡地利用懇談会の答申案を協議し次のことを決定した。①跡地の維持機関として日本万国博覧会記念協会(仮称、大蔵省所管の認可法人)を置く。②同協会は跡地の国有地部分（八〇億円相当）と余剰金（一五〇億～一八〇億円）を引き継ぐ、③みどりの文化公園のほか、エキスポランドを存地する方向で、なお一年間検討し、太陽の塔は撤去するが、一年程度は存置する、などを決めた。

4　自然再建の都市計画――丹下健三から高山英華へ

（1）高山英華によるお祭り広場の解体

大屋根、太陽の塔、エキスポタワーの万国博当時のシンボル施設の撤去の時期や撤去後についての具体的な考え方は、跡地利用懇談会の専門小委員会の高山英華に委ねられた。高山は、自身の考え方を万博跡地利用のマスタープランとして万博記念協会から委託された万国博覧会記念公園基本計画報告書・昭和四七年三月三一日〈計画編〉に表した。

この計画書の中で、高山は、跡地利用について「緑に包まれた文化公園」の理念に基づく克明なプランを練り上げている。大阪万博の会場とお祭り広場の設計に全面的に主役であった丹下から、跡地利用の具体化について、全面的に主役が高山に回ってきた。丹下による跡地の都市センター案の否定という強い意志が高山の基本計画書・マスタープランから伝わってくる。

緑に包まれた文化公園の理念を万博記念公園としてどう万博跡地に具体化していくかが高山英華に託された。その内容が、基本計画書であった。緑に包まれた文化公園の理念の中で最も力を入れたのは、「緑に包まれた」の「緑」についてであった。高山英華が、跡地に思いを込めた「緑」について、自身で語った「あとがき」（高山他、一九七二年、八一頁）に明快な説明をしている。そこには、自然と人間との新たな関係を築くことが高らかにうたわれている。

（2）瀕死に陥れた自然の再建へ

一九六〇～七〇年代は、各地で公害が続出し、光化学スモッグの大気汚染や水質汚濁で人々が苦しめられていた。都市のこれ以上の開発や自然破壊は避けるべきだという論調が新聞やテレビで連日報道されるような状況であった。

基本計画書の緑の定義には次のような文がある。この文章は、万国博跡地利用懇談会から引き継いだものである。跡地に再建される「緑」については以下のように述べている（高山他、一九七二年、二頁）。

> 緑とは、人類の著しい技術進歩の中で忘れられ、失われつつある自然環境の総称と考える。今日、緑に求められているのは単なる慰めではなく、人間の生活環境を維持することである。人間の活動と自然の緑の環境には互いに調和した共存関係が必要であり、我々の活動が瀕死に陥れた自然生態のいくつかを、人間の知恵と技術によって復活させ維持する方法が緊急に追求されるべきである。

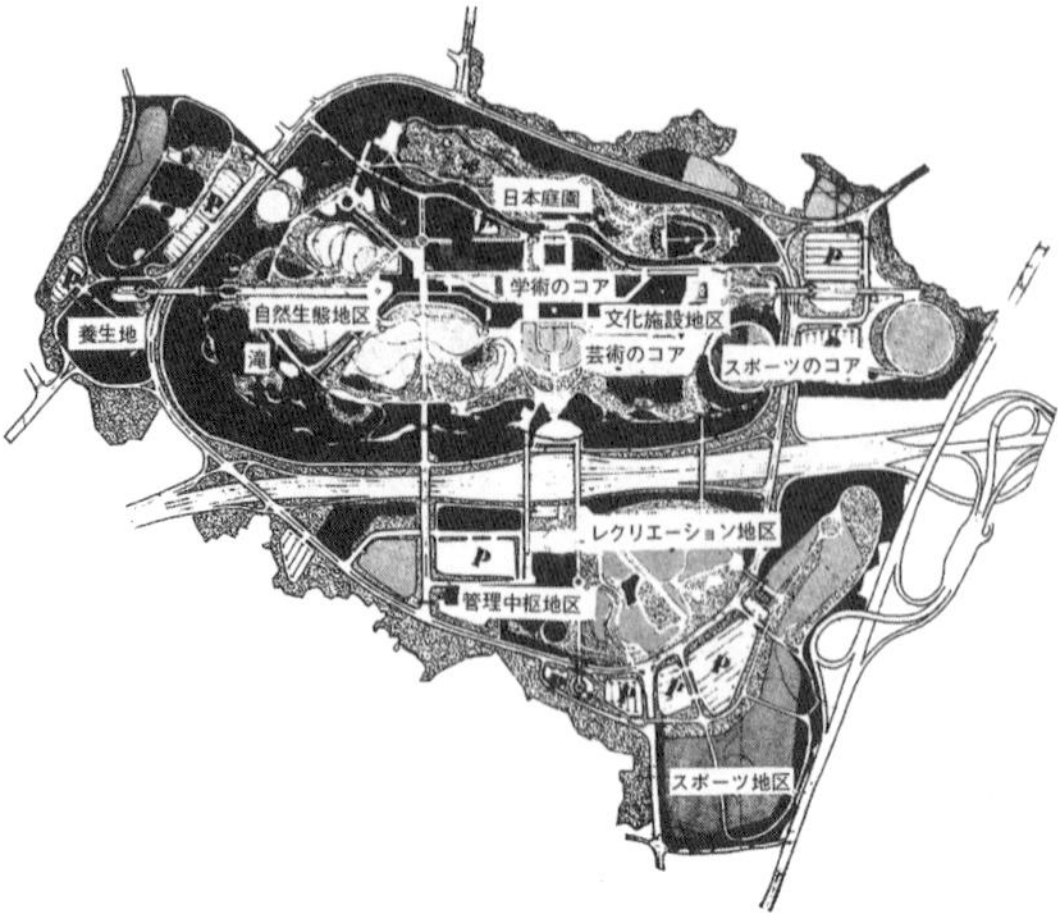

高山英華による万博公園基本計画案
出典：高山・都市計画設計研究所（1972：70）。

ここでは、明確に、「自然生態系の復元あるいは再建」としている。ここには失われた自然生態系を、人間の知恵と技術によって復活させるという目標を設定している。基本計画書には万博跡地利用における都市センターの否定から公園化にいたる並々ならぬ決意が書かれている。その根底には、都市計画に対する丹下と高山の基本的姿勢に異なるものがあることが明らかに読み取れる。同じ東京大学の都市工学の教授でありながら、両者が同時に大阪万博に従事し、その跡地を高山英華が担った経過から、そのことが生々しく見えてくる。東英紀の記録からその経過をたどってみる（東、二〇一〇年、三三七頁）。

高山英華はオリンピックのときと同じ様に（大阪万博では）総合プランナーという役目を引き受けている。しかし、今回は丹下健三と連名であった。実際万国博覧会での高山英華はオリンピックのような溌剌とした活躍は見られない。万国博覧会はお祭り広場のデザインをはじめとして、中心は丹下健三であり、高山の役割は丹下と京都大学の西山夘三との調整であった。西山はお祭り広場のアイデアを提案した。丹下は政府から万国博覧会の総合デザイナーに指名されていた。最初は高山、丹下、西山が一堂に会し、計画を一緒に話し合うことで始まった「軽井沢会議」も、万博協会から締め出された西山が去ったあとは、高山も事実上手をひいていったかのように見える。（中略）丹下君はオベリスク、俺はゴミ山だよ。当時、英華はこんなことをいった。

オリンピック施設をはじめ、筑波学園都市、高蔵寺ニュータウンなど国の重要な都市建設に主導的な立場で丹下よりぬきんでていた高山は、丹下が会場設計並びにお祭り広場の建築設計で世間の注目を浴びている姿に、都市計画という地味な仕事に明け暮れていた高山の嘆きとも愚痴ともいえる心情が伝わってくる。

大阪万博の会場計画の二次案を西山が描いた。しかし、三次案で丹下は西山の田園都市格子型会場計画を否定し、放射環状型の設計にひっくり返した。丹下が西山に挑戦し、追い出したのではないか。西山を丹下と高山が追い出したとされているが、事実は違う。高山は西山に酒の席で、「都市計画家が建築に色気を出しちゃだめだよ」といったという。西山と高山は、学生時代からの知り合いである。二人ともマルクスにかぶれていて、一緒に警察の手入れから逃れたこともあった。西山への親切なアドバイスであった。

事実、西山は、会場の二次案を提出した後、丹下によって趣旨が生かされなくなった三次案のお祭り広場案に憤慨して、お祭り広場は、コンペにすべきだと訴えている。そして、コンペが実施されれば自ら応募してみせるとしている。会場計画員会（一九六六年一〇月）に西山は「会場計画最終案についての意見」に次のような意見を西山メモとして提出している。

●第二次案までを私が、そのあとを丹下委員がまとめたが、最終案（三次案）について私の意見が十分に反映されていない。
●お祭り広場を言い出した者の責任として、レイアウト（基本設計）と建築デザインの二段階のコンペとすべきで、そのときは私も一案を提案したい。と述べている。

5　公園を核とした都市計画

（1）自然再建の都市計画への大転換

高山は、大阪万博の会場設計では、副委員長の立場であったにもかかわらず、設計にほとんど関与しなかった。そして、跡地に関しては、丹下が目論んだ都市センター的活用案、そして西山も提言していた都市的活用案をきっぱりと阻止する立場に立って、万博記念公園の誕生に道を開いた。高山の跡地の都市センター案の否定と万博記念公園への転換において、高山のよりどころになったのは開発優先がもたらす社会矛盾に真っ向から取り組んでいく姿勢であった。そのことは、万博記念公園において、万博会場建設で失われた自然の再建をめざし、人と自然の関係をもう一度見直そうという、近代都市計画にはなかった結論を出したことからうかがわれる。このような高山の自然再建への都市計画の関心は、どこから生まれてきたのだろうか。高山の都市計画への思いはまず社会問題の解決に基盤を置くものだった（東、二〇一〇年、一〇〇頁）。

高山の卒業計画の関心は社会問題から農漁村研究へ向かい、最後に漁村計画に行きついた。東北の農村のひどい状況。慢性的な凶作、娘は売られ、欠乏児童や一家心中が起っている。エンゲルスが『英国労働者階級の状態』で糾弾した状況である。高山の目には時代的命題が横たわっていた。第一次世界大戦後の不況によって、都市では労働問題、地方では農村問題といった言葉に集約される社会問題が山積していた。絶対的貧困、社会的不平等などの社会矛盾。三陸沖地震における漁村の津波被害や自らの関東大震災の罹災経験により、防災への関心は高かった。卒業計画は千葉・外房にある御宿の太海という漁村をモデル対象地として選んだ。漁村計画は辰野金吾賞を受賞した。

高山は、東京大学の都市工学科が創設されてすぐの教授だった。国土総合開発審議会や防災会議で指導的役割を果たした。一九七〇年代から、高山は大蔵省から筑波移転跡地の検討を依頼されている。一九七三年筑波大学が開学した。これに伴って、旧東京教育大学や国の研究所、試験場などが筑波に移転し、東京圏に六四ヶ所、三六〇ヘクタールの跡地が発生した。このうち東京都内が二二ヶ所、一二四ヘクタールで最も大きい。これら貴重な国有地を、どう公共の用途にあてるかは、東京の都市計画上、大きな問題であった。東は、この問題に高山がどう対応したかを述べている（同前書、三五六頁）。

高山英華は検討委員会に、造園の横山光雄、建築の大谷幸夫、防災に村上所直を引き込んだ。村上をチームに入れた時から、高山は、今回の主たるテーマは防災だと決めていた。関東大震災級の災害に東京が再び見舞われた時の対策として、跡地は公園、緑地、避難板書などオープンスペースとして残すのが最善だ。公園ならば、住民も日々使って楽しめるし、環境の改善にも役に立つ。跡地周辺の道路整備や住環境の改善、都市再開発も含めれば、自分が永年住んできた環境を、住みやすく安全なまちにすることも可能だろう。

高山の言葉に、関東財務局の担当者は失望した顔をした。「すると、公園が中心になりますか」という。公園だと自治体は国有地だからということで無償還付を期待する。しかも公園をつくってくれるのならまだいいが、放置したままや、公園として認められないような施設の敷地として自治体が第三者に転貸ししてしまうことが多々ある。

高山のつよい防災と公園建設への意志が貫かれ、結果として二九ヶ所の跡地のうち、公園は二〇ヶ所になったのである。この決定には、明らかに高山のなかで東京の都市改造の手法が大きく転換したこと示されている。

（2）高山英華のメガストラクチュアへの嫌悪

高密度化し高層化していく都市において地震や洪水からの防災や緑の公園をつくることが、都市改造の重要な施策だと主張する高山が最も嫌悪した都市改造は、丹下にみる、都市のメガストラクチュアによる都市の構造的改造であった。丹下は「東京計画一九六〇」構想で、肥大化し高密度化する大東京の矛盾を、誰も住んでいない東京海上に自動車の交通動線からなる鎖状軸線を突きだし、事務所棟と集合住宅棟を会場に建設することによって解決しようとした。しかし、この計画は、かえって東京湾の大自然領域を侵食し東京を肥大化するだけのものであった。

丹下の計画に触発されたのか、西山も「京都計画一九六四」を提案した。西山は、小学校区単位の地区共同体を高層複合建築都市にとして空中に展開した。高密度の京都の市街地地区で本来は地上に計画された田園都市を、積層住宅・イエポリスとして垂直の都市を提言した。丹下は大都市の矛盾を水平移動での海に拡張することで解決しようとした。西山は空へすなわち垂直方向へ拡張することで解決しようとした。双方とも都市の矛盾を土木工学、建築技術のよるメガストラクチュアによって解決しようとしている。しかし、高山の都市改造は、メガストラクチュアを拒否してきた。

あまりにも大きな集積になった都市東京。もはや全体像を描くだけの時代ではなく、その必要性に疑問がある。むしろそれぞれの町にこそ、人々の生活が残り、文化が息づいている。人々の生活、地形、街並みなど、さまざまなものが集積して、東京という巨大都市が形づくられて、まるで人間の体が無数の細胞からでき上がっているように。

そして大事なのは、全体を大改造する絵を描くのではなく、それぞれの小さなまちに目を注ぎながら、周囲や全体への影響を複眼的に考えて行くことを高山は主張している。

西山は、政府による「日本の国土と国民生活の未来像の設計」に応募した「二十一世紀の設計」において、国土の自然環境と調和する高密度居住空間の創造をめざした（住田、二〇〇七年、二〇八頁）。丹下が東京一九六〇を提言しそれとは対案の都市改造案として打ち出したのが、小学校の居住区を高密度居住空間として高層建築に仕立てあげ、地表にレクリエーション空間を確保する「京都計画一九六四」であった。イエポリスともいわれ一般家族住居を積み重ね小学校を最上階に途上階に近隣センターを挿入した垂直立体の積層型高層建築であった。

この高層建築の移動はエレベーター、ケーブルカー、バス、エスカレーターなどの機械装置により、地区からは家に靴を脱いで入るように自動車を排除している。

この空間計画は、近隣センターやショッピング施設などの都市を構成する部分が商品化されバラバラに無秩序な流動化を食い止めるために必要な全体骨格の優先を意味している。つまり、丹下が会場に進出した水平のメガストラクチュアに対して、垂直のメガストラクチュアである。田園都市の垂直型である。

西山はこの積層住居であるイエポリスを、京都の都心を貫く南北軸＝中央軸に組み込むことで、自動車の増大や業務ビルの圧力で人々が都心から締め出されることを防ぐために、都心の高密度の集住体へと改造をめざすメガストラクチュア主義の構想として提言した。西山はこのような積層居住形態を「地獄絵」としていたが、西山が都市計画理論から、実際の空間館設計すなわち建築設計にのめり込んでいくに従って、都市の「極楽図」として描くようになった。

第七章　国立民族学博物館の誕生

1　民族学博物館は、大阪万博から生まれた

(1) 梅棹忠夫による展示品の収集

文化人類学者の梅棹忠夫が大阪万博の跡地につくられた万博記念公園に、国立民族学博物館（以下民博）をつくったのは、第二の奇跡であった。大阪万博がなければ設立されることがなかったからである。民博は、万博公園の理念である「緑に包まれた文化公園」の文化施設の一つであった。

民博設立の構想は、大阪万博が開催された一九七〇年から遡ること五〇年の一九二〇年代から始まった。当時東京大学の学生でのち日銀総裁になる渋沢敬三がその提唱者であった。この渋沢の夢を東京大学教授の泉靖一、京都大学人文科学研究所教授の梅棹忠夫などの文化人類学の研究者らが綿々とつないできて、大阪万博の跡地の文化公園で実現した。民博は大阪万博の跡地が都市センターから緑に包まれた文化公園に転換したのを受けて、その理念の中の「文化公園」によって、跡地にふさわ

しい文化施設として採用された。大阪万国博が奇跡の民博を生み出したのである。

その奇跡を演じたのが民博の初代館長になった梅棹である。奇跡を演じることができたのは、梅棹が大阪万博の企画委員会のテーマ委員会の草案を桑原武夫のもとで書き、万国博跡地懇談会の委員であったからである。もし、梅棹が大阪の万国博の企画などに従事していなければ、民博はできなかったに違いない。梅棹はテーマ委員会に属し、政府出展のテーマ館の展示企画にかかわっていた。同じ人文科学研究所教授の桑原が、テーマ委員長に就任していたから、日本万国博覧会のテーマについては桑原に助言をし、基本理念では、作家の小松左京らとともに、その文案を書いた。そして、小松がテーマ委員会のサブリーダーに選ばれたのを機に、梅棹は海外に向けて、世界中の仮面や神像を集めはじめた。文化人類学者としてテーマ委員会と深くかかわっていく中、梅棹と東京大学の泉靖一は、石毛直道や松原正毅ら、京都大学探検部の卒業生の若い学者を中心に世界に派遣し民族が使う仮面、道具、祭器や神像を世界中から集めたのである。梅棹はいう（梅棹、一九七八年、一二三頁）。

あのときに、博覧会展示用としてあつめたものをもういちど博物館として再利用しているものがたくさんあるわけです。小松さんがプロデューサーで、テーマ館の地下に、世界じゅうの仮面や神像を展示しましたね。あのときわたしは、なくなった泉靖一に協力し、世界じゅうからいろいろの民族資料をあつめた。そのかなりの部分が、こんどの国立民族学博物館の展示に転用されているのです。

梅棹らの世界からの収集品をもとに、梅棹は大阪万博跡地に国立の民族学博物館をつくりそこの初代館長になるのである。

(2) 渋沢敬三のアチック・ミュージアム（屋根裏博物館）が、民族学の道をきり拓いた

民博の源流は、蔵相、日銀総裁になった渋沢敬三が、一九二一年東京・三田にある自邸の車庫の屋根裏部屋を利用して、アチック・ミュージアム（屋根裏博物館）を開設したことから始まる。そこに二高時代の同級生らとともに収集した動植物の標本、化石、郷土玩具や民具などを収納した。第二次世界大戦中に、日本常民文化研究所と名を改称した。「常民」という名は、柳田国男が最初に山人や里人に用いた民俗伝承を保持している人々を指す民俗学用語で、渋沢の若き日の柳田との出会いから民俗学に傾倒した渋沢の思いが込められている。

渋沢は財界人であるにもかかわらず、自ら漁業史の分野で実績を残している。現在の静岡県沼津市内浦の一つの村の四〇〇年にわたる歴史と海に暮らす人々の生活史をアチック・ミュージアムの同人とまとめた「豆州内浦漁民資料」は、日本農学賞を受賞している。

今和次郎は渋沢のアチック・ミュージアムに招かれている。渋沢が横浜正銀行ロンドン支店に駐在した一九二二年から一九二五年のときにスウェーデンの北方民俗博物館とスカンセン屋外博物館、ノルウェーの民俗博物館を訪れ、是非今にもそれらの博物館を訪れるように薦めた。今は渋沢とのつきあいの中から「考現学」を提唱した。民俗調査・研究の系譜は赤瀬川原平、藤森照信らの「路上観察

学会」へとつながっていった。

一九三五年には、渋沢を中心に日本民族学会が設立され、国立の民族学博物館設立を構想し、政府に陳情したが、戦局の悪化から採り上げられなかった。そこで、渋沢は一九三七年に自らの手で東京・保谷に博物館を建設し、アチック・ミュージアムに収蔵されていた二万点に及ぶ民具標本を移転させ、建物と資料を日本民族学会に寄贈し、日本民族学会附属研究所と附属民族学博物館となった。

日本がセントルイス博におけるアイヌ民族の展示

出典：大阪府立中央図書館所蔵。

しかし、一学会だけで運営・維持することは難しく、また、自らの死期を悟った渋沢は一九六二年に民族学博物館所蔵の資料を文部省史料館（現・国文学研究資料館）に寄贈し、将来に国立の民族学博物館が設立された時には、これらの資料を移管する旨の約束を政府との間で交わした。渋沢は多くの民俗学者も育てた。宮本常一、今西錦司、江上波夫、中根千枝、梅棹忠夫、伊谷純一郎らが海外調査に際し、渋沢の援助を受けている。ほかにも多くの研究者に給与や調査費用、出版費用など莫大な資金を注ぎ込んで援助した。

（3）大阪万博が国立の民族学博物館をつくった

渋沢の死後、一九六四年に日本民族学会などは国立民族研究博物館の設置を政府に要望し、一九六五年には日本学術会議が総理大臣に国立民族学研究博物館の設置を勧告した。一方で、一九七〇年に開催された日本万国博覧会では、岡本太郎がチーフプロデューサー、小松左京がサブ・プロデューサーを務めるテーマ館に世界中の神像や仮面、生活用品などを陳列するため、東京大学教授の泉靖一と京都大学教授の梅棹忠夫らが中心となって、世界中から資料を蒐集していた。万国博覧会跡地懇談会の委員であった梅棹忠夫は、当時京都大学の人文科学研究所の教授であった。梅棹は、跡地利用懇談会の席上、その立場を利用して民族学博物館構想を提言している。万博終了後に、政府は会場の跡地利用について、文化公園とする基本方針を打出し、その中心施設として従来から要望が高かった「国立民族学博物館」の設置が決定された。一九七三年に文部省内に創設準備室が設置され、梅棹が準備室長に就任。一九七四年に改正国立学校法施行により、大学共同利用機関として創設され、梅棹が初代館長に就任した。民博での学術展示品は、大阪万博のために、梅棹らが世界から集めた民族資料類であった。これらの資料は、これまで欧米で開催された万国博覧会での民族展示とは異なるものであった。そこには梅棹らが長年かかわってきた民族学への想いが込められたものであった。では、欧米の万博での民族展示とはどのようなものであったか。そのような万博に日本はどのような展示をしていたかを見てみよう。

2 「大阪万博跡に、万国博を！」――文化相対主義としての展示

(1) 欧米の万博の民族展示

万国博の展示は、帝国主義と深く結びついている。つまり先進国と後進国、文明国と未開国、宗主国と植民地国、ヨーロッパと非ヨーロッパ、工業国と非工業国という図式の中での世界の展示であったことだ。その内容は、万博を第一回から主導してきたイギリスが世界を制覇した植民地などの成果を水晶宮で展示したことに始まる。近代世界は帝国主義によって宗主国ヨーロッパと植民地に分けられた。ヨーロッパ世界にとって、非ヨーロッパ世界は、農産物、園芸品、工業製品の原料などの資源の供給地、工芸品や生活必需品の調達先であった。万国博は植民地からのモノを展示した。このような展示の歴史は、万国博覧会が初めて開催される一九世紀をはるかに遡る。ローマ帝国では、領域支配による戦争での戦利品をローマで展示した。地中海を海戦と商業で勝利したヴェネツィアは、東方を支配していた東ローマ帝国から略奪してきた戦利品をサンマルコ広場に面した教会の正面の装飾に使っている。戦利品や略奪品を展示するのは、異文化、異文明を、自己の文明に一部に従属させた証しを民衆に誇らしげに知らしめることであった。宗主国と植民地とのこのような展示の中で特に目立ったのが、植民地の民族の展示であった。たとえば、一九〇四年にアメリカのセントルイス万博では、植民地支配をしていたフィリピンのイゴロット族の踊りが披露された。文明の最先端の成果を展

示する万国博覧会で、文明から取り残されたと彼らが見なす人々を展示するのは、文明のもつ先進性をきわだたせる演出として取り入れられたのだろう。近代文明を地球上にまで広げた欧米の文明の基準は、文明に対立する概念として文明化されていない民族を「野蛮」と決めつけた。

日本人が初めて万国博覧会を見たのは一八六二年のロンドン万博であった。日本からの使節団が万博会場においてサムライの姿で見物していると、ロンドン人はまるで見世物のように遠巻きにして日本人を観賞した。いわば、「動く民族の展示品」であった。欧米の初期の万国博覧会で日本は、寺院等の建築を模倣した日本館の中に茶室などを用意し、サムライについで芸者の姿をした案内人が接客にあたっていた。日本は、欧米の国によって植民地化されたことはなかったが、日本の伝統文化を固執して欧米並みの近代化されていない国として、自らを演じた。一方、日本は同じセントルイス万博での人類学部門の民族学のセクションで、自国のアイヌ人を展示した。第三回のパリ万博では植民地から連れてこられた「原住民」たちを展示する「ネグロ村」が設けられている。

(2) 文明に優劣をつけるトインビーの文明史観に対する反対

欧米が主導した万国博覧会の歴史において、民族や各国の文化の展示はその出発から中心的なものであった。民族の展示は、ヨーロッパ世界すなわち植民地宗主国対非植民地の関係の中で、非植民地の民族の展示が行われてきた。しかし、このような展示は梅棹のめざすものではなかった。梅棹は当時、『文明の生態史観』を書いている。文明を地理的な概念をいれ、生態学的な植生分布や遷移の理論を用いて、文明の進歩観から文明の進化として解いている。これは西欧文明を一級の文明として捉え、地球上に現れた文明を優劣で区分するイギリスの歴史学者アーノルド・トインビーとは異なる文明論であった。その梅棹が、「文明の進歩史観」から抜け出て、新しい見方で大阪万博の民族展示を考えていたのである。そして大阪万博での民族展示を通して、文化人類学を世の中にその意味を周知させる好機と捉えたのである。

梅棹が大阪万博での展示でめざした展示に関する見方とはなにか。一言でいえば、モノの展示である。梅棹の大阪万博に向けた展示物として収集し展示したものは、それぞれの民族が使う道具、すなわち生活や生業の道具、祭器等は民族の文化を表出するモノである。民族が違えばモノは違う。その違ったものを展示することで、展示物を見る人々は、世界中の民族の多様性を知ることになる。その多様な文化に優劣はない。人類はすべて生きていくときに文化という装いをして自然に立ち向かい、自然の中で生きる工夫をする。その生きざまを伝えるのが、民族が使っていたモノである。そのモノは、日常生活の場で使われているありふれたモノ類である。梅棹が意図したのは、民族の多様性の存在であり、その存在の意味を知らしめるのは、生活に使われるモノであった。それは、渋沢が最初に屋根裏博物館に収集した日常の生活道具類と同じモノであった。梅棹はそれらを「がらくた」と呼んだ。梅棹がわざわざ「がらくた」と呼んだのは、従来の万国博の文化に関する展示品の多くがその国の宝石、陶器、絵画、骨董品などの高額で貴重な文化財に類するモノに対する言葉であった。

日本も世界の万国博に出品してきたモノは、日本人が生活で使ってきた日常品ではない。美術品や骨とう品で宝物のような貴重品であった。ヨーロッパの博物館に展示されるものは王侯貴族の財宝や多国から略奪してきた財宝や考古学的価値のある宝物である。しかし、梅棹は宝物の展示ではなく、日常のガラクタを民族学的展示物として収集し、それを民族学博物館に世界レベルで比較できるように展示した。これは博物館の歴史において画期的なことであった。梅棹は世界に向けて開催される日本の万国博覧会において、世界のモノを展示することをめざした。その根底にあるのは「文化の多様性」という視点である。

（3）文化相対主義——がらくた展示をみて、人間性のいやらしさにぎょっとする

民族学博物館の展示は地域展示と通文化展示に大きく分かれている。地域展示ではオセアニア、アメリカ、ヨーロッパ、アフリカ、日本を含むアジア各地域に分かれ、オセアニアから東回りに世界を一周するようになっている。通文化展示は地域、民族毎に分けての展示ではなく、音楽と言語など世界の民族文化を通じて概観する展示がある。この展示のしかたは、文化に対する新しい思考の表現である。文化を捉えるとき、二つの方法がある。自文化中心主義と文化相対主義である。文化を「自文化」と「他文化」という枠組みの中で捉え、文化相対主義として自文化と他文化を比較してみる。その根底には文化相対主義が原則的にはすべての文化に優劣が無く、平等に尊ばれるべきという通念がある。

文化相対性には、人間がつくりだす文化を民族学がどう見ているかという「みる視点」を明らかに

する文化に対する理念がある。日常的に使われる文化は、例えば一時代前に使われていた「文化なべ」や、「文化的活動」など文化に対して肯定的、向上的な意味づけが行われてきた。文化は、地域ではぐくまれた共同体の結束を強めるアイデンティティが高められる。そのことはほかの文化によって育くまれたアイデンティティを排除する力を醸成する。文化は愛情、融和、統合と同時に不寛容、排除、敵対の両面をもつ。民族紛争は、この両面の共同体がもつ異文化間の自己矛盾から生まれる。こういった文化のもつ両面性が内在している日常に焦点をあわせて、文化とはなにかを考える展示が、民族学博物館である。

梅棹は、日常のモノに表出されている人間性のいやらしさを通して、文化をみる手法を述べている（梅棹、一九七八年、五七頁）。

　人間の不条理さ、あるいは人間のいやらしさにたいする共感、シンパシーが根本のところで必要なんだ。わが民族学博物館にいれてあるのは、がらくただといっていますが、要するに人間がつくりだしたアーティファクト（人工物）でしょう。そのアーティファクトのもっているがらくた性、そしてそれをつくりだしてきた人間性のいやらしさ、そういうものが感覚的にわからんと、あかん。

展示物のモノを見ることによって、人類に共通する人間性の本性を知ることができる。さらに、次のように述べている（同前書、六七頁）。

民族学と言うのは、日常生活に対する脅迫状なんだ。しずかで、ちまちました日常生活そのものに短刀をつきつける仕事である。われわれがひたってきた日常的な文化とは、まったく異質のものが世界には存在する。それを見て、ぎょっとする。民族学博物館というのは、そのための仕掛けなんです。

文化人類学者の中根千枝は「このまえの、万国博のときは「あっとおどろく」だったけれども、こんどは「ぎょっとする」仕掛けなのね」と梅棹の展示の理念を納得している。ここには、梅棹の文化は多様であり、わからないことが世界にいっぱいあり、博物館は、その世界の多様さのプレゼンテーションの場であるという博物館の新しいあり方に対する共鳴がみられる。

（4）「万国博覧会の跡に万国博を」――梅棹忠夫の戦略

このような民族展示の中で、梅棹は、多様な文化としての展示を大阪万博でめざした。これは帝国主義から抜け出て、平和国家をめざし、工業化を達成し、先進国に追いつくことができたという日本国の位置において、このような見方が出てきたといえる。そして、梅棹が集めた世界の収集品をもとに、民博が誕生するのである。民博が誕生するには、梅棹は格好の位置にいた。高山英華委員長の万国博覧会跡地懇談会の委員に就任していたからである。その会で梅棹は民博の設立を提案した（同前書、一三頁）。

万国博の記念公園のなかに、国立民族学博物館をつくるにあたって、その必然性を説得する論理として、わたしは『万国博の跡に万国博を』というキャッチフレーズをつくったんです。万国博覧会の跡に万国博物館をというわけです。（中略）万文化博物館（中略）万博の精神をもっともよく継いでいるものじゃないかというわけです。

そして、博物館での展示とそれらを観賞する人々との関係について、次のように述べている（同前書、八、一二、一五、四〇頁）。博物館は民族学資料の収集研究と並行して、一般の人々への展示は重要な柱である。

わたしは、この博物館は二重の意味でたのしめるとおもっているんです。人類のつくってきた文化の多様性を、実物について見ること自体がたのしい。同時に、それについて、いろいろかんがえたり、比較したりすることもまたたのしい。だから、二重というより、多重に、多層的にたのしめる。娯楽と言っても、パチンコやマージャン、競馬とはすこし意味が違いますけれども、知的な娯楽というものもあるはずだと思います。

（中略）

日本における展示技術というのは、万国博を契機に大展開をとげたのではないですか。展示という手段を通じて、知的、あるいは学術的な内容を、一般市民につたえる。そして市民の知的関心をかきたてる。そういう手段として、物をならべ、映像をみせる。

（中略）

一人ひとりの個人が博物館の展示にたいしてパーティシペイトするのであって、見物人がいっせいにパーティシペイションをおこすのではない。したがって、これをもアミューズメントの一種とすれば、これはきわめて孤独なアミューズメントだということです。その意味では、博物館は、パチンコとまったくおなじことなんだ。

博覧会は訪れた人が身を乗り出して、たくさんの人を巻き込んでお祭りをする。その博覧会の中で収集したモノを、梅棹は、独特の博物館の展示理念で、民博を実現した。民博ではビデオテークが設置され、世界中の生活や文化を紹介する映像を利用者が選択し、視聴することができる。また、一九九九年には映像と音声による展示解説を行う携帯型の「みんぱく電子ガイド」が博物館では始めて登場した。芸術家で大阪万博でテーマ館を梅棹とともに従事した岡本太郎は、梅棹との対談の中で、「ほんとにおどろいたな。日本のような官僚システムのところで、よくあれだけのもの（国立民族学博物館）をつくったとおもうな。奇跡的ですよ」と述べた（同前書、四〇頁）。

3　平和をめざす研究機関としての国立民族学博物館

（1）文明学の構築に向けて

ここで、「緑に包まれた文化公園」を理念とする民族学博物館とはなにかを考えてみる。梅棹は民族学博物館を「文化とは何か」を考える展示にあるとしている。その文化とは愛情、融和、投合と不寛容、排除、敵対の両面をもち、そこから民族紛争が世界の各地でおこる。それは文化のもつ共同体の両面が矛盾することから生まれる。文化はこういった文化のもつ両面性が内在している日常に焦点を合わせて、いままでになかった新しい展示がなされているのが民族学博物館である。

このように、文化を民族紛争や文化のもつ自己矛盾を解き明かす学問とするならば、文化が築きあげて来たフィールドサイエンスは、一方で人類をおおきな宇宙観で結びつける文明との関係を明確に打ち出す必要がある。いまや民族紛争だけでなく、宗教的対立、国家間の対立、帝国主義、植民地などの紛争は、文化の領域を超えた地球規模の統合と対立である。民族学博物館は、展示と同時に、研究活動を行う大学と同じ研究機関である。研究とするならば人類が生みだした文化とは人類史の中でどのような体系として成り立っているかも問うことになる。民族学博物館ができてすでに半世紀を経過しようとしているのに、このあたりの研究の成果が、あまり世に出てきていないのは残念である。

しかし、民俗学あるいは文化人類学を、より広い枠組みで捉えようとしていた形跡が、民博をつくった当事者の梅棹から出てきていた。それが、梅棹らよる「未来学会」と「文明学」だった。この両者とも、大阪万博の開催と並行して動き始めていた。大阪万博のテーマに深くかかわった梅棹は「人類の進歩と調和」の草稿に自ら筆をとった。梅棹はこのテーマを文化人類学者としての立場からも捉えたと考えられる。「人類の進歩と調和」は文化のもつ両義性を文化相対性から、地球文明としてどうとらえるかのテーマでもある。それは、文化を文明としてとらえる必要性でもある。梅棹はいう（梅棹、一九七八年、一三五頁）。

全地球が一つの系になったということは、ことがらがスムーズに進行することを意味するかといえば、決してそうではなく、逆にブレーキになる因子が無数にふえてきたことを意味するんや。国際問題でも、主張の違う発言をみな満足させようとすると、方程式における元の数が増えてくる。だからものすごい多元連立高次方程式になってなかなか解けないようになってきた。

文化は、人間の生き方を導き、人間の繁栄を確かなものにする。しかし、一方で異なる文化はお互いに排斥する。文化のもつ二律背反性の研究が、文化人類学である。だとすれば、この二律背反性を如何に解きほぐし、平和な世界を築いていくかのノウハウを研究するのも、民博で行う研究の一環にあってもよいのではないか。人種、民族、宗教、政治、戦争、環境問題等の解決について、文化人類学の出番がここにある。世界平和に向けての多元連立方程式を如何に解くか。それが、文化人類学に求められている。

(2) 未来学会

梅棹は未来学会を提唱した。文明の未来を探る研究会である。大阪での万国博覧会開催が日本で決まるころに、同じ人文科学研究所の教授で社会学者の加藤秀俊や作家の小松左京らとともに、未来学会をつくり、そこで万国博覧会の意義を論じていた。

一九六四年頃、林雄二郎、小松左京、加藤秀俊、川添登、梅棹忠夫らで「万国博をかんがえる会」をつくった。未来についての議論を盛んに行った。ときおり場所を三重県の鳥羽や賢島にうつし、おいしい海産物をたべながら行ったので、「貝くう会」と名づけた。この会が「万国博をかんがえる会」となり、日本未来学会をうみだす母体となった。大阪万博は、未来学会を生んだのである。「どうなる・どうする未来学誕生」というテーマで座談会を行った（同前書、八七頁）。

道徳の問題も、過去からの伝承ではなくて、未来からの支持として考える考え方がありうるというのです。現在に対する、未来からの干渉や。未来から逆算して現在を考える。そうするとこれはオペレーション・リサーチの反対の操作である。

梅棹は現在のわれわれの文化を、未来から見る視点を奨めている。これは、現在の人類が引き起こしている地球温暖化が、私たちの子孫に地獄の環境と社会を送り届ける可能性が高まってきたとき、未来の子孫は、われわれ現代人をどう見るだろうかという世代間倫理の問題を提起している。未来といった場合に輝かしい未来だけを夢見るのが未来学ではない。われわれのもつ文化が、このような危機にどう対応でき、生き抜いていけるのか。これは、民博の新たに開拓すべき、世界の文化体系づくりへの分野だと考える。

未来学は、人類の進歩と調和によって、持続可能な輝かしい未来を築けるかどうかの研究である。梅棹はその答えを出さないままに、亡くなったが、梅棹は明らかに、民族学の中に人類の進歩と調和の回答を見つけようとしていた。その答えが、民族学博物館の提案であった。

(3) 跡地に平和探究の研究所を！

司馬遼太郎は民族学博物館について次のようにいっている（同前書、二六二頁）。

無用の愛国心へ逆戻りするおそれのある社会で、民族学博物館ができて、どんな地域のものでもここにある。しかも、向こうのナショナリズムをくっつけてきてない。日本だけがすばらしいんだということは、ひとこともいっていない。日本の方がみすぼらしいじゃないかということを、認識することができる。

梅棹は答える。

全部おなじレベルでならべてみようということです。おなじ平面に世界じゅうの文化をならべてみたら、こんなもんでっせと。

一方、一九六九年一〇月政府は、跡地利用や余剰金の処理などについて検討するために、万国博覧会跡地利用懇談会を設置し、座長に宇佐美洵日本銀行総裁、座長代理に茅誠司東京大学名誉教授を選んだ。大阪府は、協会本部ビル周辺の五〇ヘクタールに関しては、国際的、広域的な施設や諸基幹を誘致することを望んだ。同年一二月大蔵省で開催された懇談会で、「跡地は万国博の開催にふさわしい〝緑に包まれた文化公園〟とし、この中に平和を追求するピース・リサーチ（平和探求）の研究所などを設置する」との基本方針が決められ、福田赳夫大蔵大臣に中間報告として答申された。

平和を追求するピース・リサーチ（平和探求）の研究所というのは、「平和」が大きなテーマである万国博にとって、当然世界が求めるものである。国連は実際的な国際紛争を平和に導こうとする機関である。その平和をテーマにしたものを万国博の跡地に建設しようとする動きは、人類の進歩と調和のテーマが跡地に反映された貴重な提言であった。その提言は、司馬の話からいえば、当然、民博が背負うのが望ましいといっていたのではないかと思われる。

第八章　太陽の塔は、残った

1　太陽の塔はいらない――三つの理由

（1）太陽の塔から太陽の広場へ――三つの背景

高山英華は、太陽の塔を残さなかった。高山が万博記念協会から委託されて作成した万博公園基本計画書には、大阪万博の会場に建設された中で「存置施設」としたものを、次のように書いている（高山他、一九七二年、六九頁）。

存置施設のうち、日本庭園、ＥＸＰＯＬＡＮＤ、本部ビルは整備・改修を計りつつ長期的に利用する。

大屋根と太陽の塔については第一四年紀には来訪者の主要な目標物として暫定的に整備・利用するが、一期末または二期の初期に撤去する。

この一節は「太陽の広場」（仮称）についてであり、万国博覧会時の大勢の来場者の祝祭、祭典のお祭り広場の機能を消去し、新たに公園のシンボル広場にする方向の一環であった。高山は、太陽の塔を撤去してそこに太陽の広場を設けることにした。太陽の広場には、三つの意味があった。第一は、「緑に包まれた文化公園」の文化施設・スポーツ施設を活用する人々が交流する共有空間をつくることにあった。高山は基本計画書で次のように述べている（同前書、六〇頁）。

お祭り広場の一部を受け継ぎ、これ以東の池のまわりをとり囲むように「太陽の広場」が計画される。これは各センターの共有空間として、すべての活動に参加する人々が交流し、交歓する場所を提供する。各センターの諸施設は、時によってその敷地をこの広場全体に拡大するものである。

高山は太陽の塔を撤去して、緑に包まれた文化公園の理念によって形成されたスポーツ、レクリエーション、文化の施設群をつなぐ広場をつくることをめざし、その広場を太陽の広場と名づけた。第二は、その広場が都市的なものから緑地公園的広場への転換である。基本報告書では次のように記載されている（同前書、六〇頁）。

万国博開催時のお祭り広場は、地形のもつ空間的な特性に対比するような形で、南北を軸として計画された。これは都市的な高密度な空間を、ダイナミックに構造づけるという意味で効果的であったと思われる。しかし、記念公園は都市的なものとしてよりも、むしろ緑地的雰囲気を強調するもの、自然との親密な馴染みをその計画基調とするものである。ここでは地形の特性に従った、東西を軸とした広場の方が適切かつ効果的であると考えられる。

第三は都市軸から公園軸への転換である。太陽の広場とともに、大屋根も、南北の都市的なお祭りの装置すなわちタテ軸から東西に長い長方形の敷地の形状を合わせた公園として、太陽広場を東西方向の向かうように設定した。基本報告書では次にようにいっている（同前書、六〇頁）。

　大屋根と太陽の塔はこの「タテ」の広場から「ヨコ」の広場への転換過程で、段階的にとりはずされる。

このことによって、太陽の塔がもし存置施設として残ったとしても、太陽の塔の正面性はなくなってしまい、存在の価値が低減化することになる。以上三つの理由で、太陽広場から、太陽の塔、大屋根、エキスポタワーは消去されることになった。これはシンボル・ゾーンの全面的否定を通して、万博公園から太陽の塔を撤去する強い意志を、太陽の広場にかけて示すものであった。

（2）オベリスク的モニュメントは、いらない

万国博覧会開催当時、太陽の塔は訪れる人々にとって、最大の人気の対象であった。入館者もほかのパビリオンの比ではなかった。それほどまでの人気絶頂のモニュメントをなぜ跡地利用から抹消しようとしたのか。四〇年以上経ったいまでも、太陽の塔を見る人は、太陽の塔は残るべきして残ったと思っている。大阪万博以後に生まれた若者たちも、太陽の塔が撤去されねばならなかったという歴史は信じられないと思う。だから、よけいに、なぜ跡地利用委員会が太陽の塔の撤去に踏みきったのかについて疑念をもつはずである。筆者は、高山をはじめとする委員会の太陽の塔撤去には、三つの理由があると推察する。当時の委員の高山や梅棹をはじめ多くの委員が物故者になっているので、太陽の塔の撤去の本当の理由はわからない。しかし、当時の学識経験者・文化人といわれる人々の一般的な思惟から判断してみたい。太陽の塔撤去の第一の理由は、お祭り広場の否定である。丹下や大阪府の万国博覧会跡地を都市センターにするという野望を、完全に払しょくすることであった。それは、大屋根、テーマ館、太陽の塔からなる大阪万博のお祭り広場のイメージをすべて消去することによって成し遂げようとした。お祭り広場を構成していた巨大モニュメント・施設などの建築物のすべてを取り払って「太陽の広場」を構想した理由はこのことによっている。太陽の広場によって、大阪万博によって生みだそうとした都市センターのイメージを、すべて跡地から消し去ろうとしたのである。一蓮托生の決定である。

第二は、統合のシンボルの否定である。最も人気のあった太陽の塔の撤去の理由こそ、太陽の塔が

もつモニュメントあるいはシンボル性にある。丹下の大屋根や菊竹のエキスポタワーが、いち早く撤去の対象になったのは、お祭り広場を構成していた巨大なコンクリートや鉄骨からできている高層建築物やスペースフレームによる都市センターイメージの否定からであった。しかし、同じ巨大建造物でも太陽の塔は、大屋根やエキスポタワーと同類のものではない。形からして近代建築物のイメージではない。巨大な造形物であり、彫像であり、芸術作品である。もし将来都市センターができたとしても、このような巨大造形物が広場にあっても不思議ではない。そこに広場ができれば、存立される可能性もあったはずだ。しかし、大屋根やエキスポタワーと同列の建造物として十把一絡げに撤去の対象にされてしまった。そこには、意図的に太陽の塔を撤去したいという強い意志があったとしか思えない節がある。太陽の塔は、近代の鉄骨・ガラス・コンクリートの造形物からなる都心形成からみれば、極めて異質な存在である。都市の広場に設置されればその異質性がモニュメントあるいはシンボル性を帯びることになる。このようなシンボル性をもった広場の例は欧米の都市にあるオベリスク、銅像、噴水等にみられる。これらは広場を取り巻く建築群からみれば異質な造形物である。それらがシンボル性を付帯しているからこそ、都市の統合のモニュメントになる。高山は、このような都市の統合力をもつ造形物である太陽の塔を、「緑に包まれた文化公園」の各施設群を統合するシンボルにしたくなかったのではないか。

これには、高山英華が大阪万博当時、太陽の塔を巡ってお祭り広場の大屋根を設計したとき、丹下と岡本の間にあったやりとりを知っていたからであろう。丹下は、水平の巨大なスペースフレームによって、都市の祝祭空間を人間の交流・交歓の場にしたが、そこに、思いもかけないプリミティヴ・アートが空中の水平をぶち破って、垂直のモニュメントが立ち上がった。たちまち、スペースフレームは、垂直のプリミティヴ・アートを主役にする舞台装置になってしまったのである。そして、この主役が、お祭り広場全体の主人公になってしまった。高山は、太陽の広場には、オベリスクのようなモニュメンタルで空間と領域を統合する主役の必要性を認めようとしなかった。緑に包まれた文化公園の文化スポーツ施設群すなわち日本庭園にある会議室、自然再建の実験研究の応用生態研究所、民族学博物館、ホール、スポーツ施設、管理サービスをつなぐ統合としての広場に、太陽の塔はふさわしくないと考えられたのである。大阪万博当時、人気絶頂になった太陽の塔に、ちょっとした事件があった。アイジャックによる反万博である。万博会期中の一九七〇年四月二六日、太陽の塔の右目部分に男が登り篭城するというアイジャック事件が起こった。一躍太陽の塔の存在が世界に知れ渡った。同年五月三日に男は逮捕された。太陽の塔がとんでもない標的になったことも、高山の太陽の塔の撤去に踏み切らせたのではないか。

（3）太陽の塔は、空地の思想に邪魔だ

第三は、空地の思想である。高山が太陽の塔に代わって設けた「太陽の広場」とはなにか。それは統合力を示す造形物なしの広場なのか。太陽の塔に関しては、撤去後に「太陽」の名前を付けた広場、すなわち「太陽の広場」の「太陽」の名を残している。つまり、太陽の塔の実体としての太陽を消し

去り、空間の名称として、視覚あるいは風景の対象として捉えられない抽象化され、大地に投影された二次元の太陽がそこにある。それは、「空虚な太陽」である。つまり、空虚な空間に太陽のイメージだけを残し、実体の太陽を消し去ったのである。これは、太陽の広場という異質な造形物がなにもない「空地の概念」である。もの凄い労力と金と知恵によって開催された大阪万博によって跡地に生み出されたものは、太陽の広場という空地の概念であった。それは西山夘三や上田篤が、大阪万博のときに企画した「お祭り広場」ではなく、ただの「空地」であった。今までの万国博覧会、例えばパリ万博のエッフェル塔のような都市の祭典では文明の象徴たるべきモニュメントが残された。しかし、高さでいえば、菊竹のエキスポタワーは撤去されたのである。巨大モニュメントはなにもいらないという考え方、それは広場の概念である。しかし、古代ギリシヤを起源とする公共建築にかこまれたアゴラと呼ばれる広場は、そこに太陽の塔やオベリスクなどの建造物などがない「空地」であるからこそ人々が集う場所性が生まれる。高山がいう緑に包まれた文化公園における「文化の交流の場」は、人間と自然のプリミティヴな融合・交流を生みだす「なにもない広場」であり、高山が公園や防災を通して考えた都市計画こそが、近代都市における人間回復・自然再生の鍵と考えていた理念と通じるものであった。

2　べらぼうなものをつくる！

(1)　無機的機械的都市への反逆

しかし、高山の基本計画において太陽の塔は撤去される方針であったにもかかわらず、太陽の塔は

磯崎新の構想にもとづき，六角鬼丈がスケッチしたお祭り広場

出典：日本科学技術振興財団・日本万国博イヴェント調査会（1967）「お祭り広場を中心とした外部空間における水・音・光などを利用した綜合演出機構の研究調査報告書」。

お祭り広場の大屋根を突き抜けて立つ太陽の塔

太陽の塔の正面から，観客は万博会場に迎えられた。

出典：毎日新聞社／時事通信フォト。

住民からの保存運動で存置施設になった。万博跡地がパビリオン撤去によって更地になってから約五年後のことであった。万博記念公園の誕生にとって、太陽の塔の存続は画期的なことであり、そのこと自体奇跡である。なぜ、太陽の塔が残ったのか。筆者は万博記念公園周辺の住民に太陽の塔の保存運動に走らせたのは、単なる大阪万博へのノスタルジーからではないものを感じた。それは、太陽の塔が万博で誕生した経緯から導き出される。筆者が思いいたった結論からいえば、戦後の復興の中で都市建設を進めてきた巨大化機械主義に基づく建築家や都市工学家への不信感と人間回帰への挑戦のモニュメントであったことだ。巨大で膨張を続ける都市、屹立して天高くそびえる高層建築群、自動車であふれた街路、ターミナルを歩く無表情の群集。現代都市工学が生みだす都市の無機的な空間の増殖が人間の存在をかき消してしまう。丹下の大屋根が撤去され、菊竹のエキスポタワーが撤去された中、太陽の塔だけが残ったのは、ますます非人間化する大都市化の流れをストップさせ、人間性を回復させる警鐘だったのだ。そのことは、万博で太陽の塔が誕生した経緯からもうかがえる。太陽の塔は、大阪万博のお祭り広場の異邦人として登場したことからも理解できる。この経緯を振り返ってみる。

（2）磯崎新のお祭り広場の巨大ロボット案

太陽の塔が登場する初期の段階について六角鬼丈と曽根幸一の証言がある。太陽の塔の原型をつくったのは岡本太郎ではなく建築家の磯崎新だった。六角鬼丈は次のように述べている（槇・神谷、二〇一三年、二一一頁)。

確かに、私が描いたものです。厚手のトレペに4枚ほど描いた。多くの建築家が単体の仕事を取る競争をしていましたから、そこからはずれて、お祭り広場という、誰も気づかない都市スケールのインテリア計画を選択した磯崎さんの先見性は素晴らしいものであった。（中略）竹橋の科学館に出向して、磯崎さんのアイデアを模型にしていたころです。秋葉原で電気部品を買ってきて、組み合せて、何とかロボットらしいものを組み立てていました。イラストの左手のロボットの骨組みは、電気部品の形がわかります。

また、曽根幸一は次のように証言している。

磯崎チームの当初案では、大屋根は、全面立体トラスに膜屋根というのではなく、装置をつるすためのレールのグリッドで、屋根ではないように見えるが、この六角のイラストで見る当初案のロボットは、最終案のものよりずっと巨大で「屋根」より高く、しかもはるかに「人間」ないし「人形」のような形をしている。エスニックなお祭り風の感じもとても強く、太陽の塔に似ていなくもない。

さらに、六角鬼丈は次のように証言している。

この時点では、まだ抽象的で大屋根の構造が決まっていたわけではなかったと思います。確かに、真ん中のロボットは太郎タワーと重なりますね。今まで、考えてもみませんでした。この時点で、太郎タワーの案は出ていません。

(3)「べらぼうなものをつくる！」といって、大屋根に穴を開け、太陽の塔をつくった

太陽の塔がうまれたいきさつについての丹下健三の証言をみてみよう（丹下、一九七〇年、一七八頁）。

岡本太郎さんが、過去と未来を結ぶものとしてそのなか（大屋根）にエスカレータを仕込んだ太陽の塔をつくられた。それについて建築家のグループは、かなり抵抗を感じたんじゃないかと思います。私自身も最初の彼の案を見たときは、これは相当なものだと思ったのですが、会場全体が、メカニックにできているなかで、一つぐらい人間くさきのあるものが出てくることはかえっていいのではないかという気持ちで、それを受け入れていました。私自身は、あれでよかったと思うのですが、純粋建築家的な発想される方にとっては、かなり目ざわりなものだったかもしれません。

岡本太郎が「テーマ館」のプロデューサーを引き受けたとき、テーマ館の上部は、丹下の設計で高さ三〇メートルの大屋根で覆う計画になっていた。しかし、工事現場を視察した岡本は「べらぼうなものをつくる！」として高さ七〇メートルの塔をつくることを決め、大屋根に穴を開けて、屋根から太陽の塔の顔がのぞくというものに計画が変更された。丹下ら建築家は反対したが、結果として多くの人に受け入れられるものになった（梅棹、一九七二年、三三二頁）。

ぼくは絵を描くときに、いまモダンアートというと、機械をぶちこわしたような、メカニズムに対するリアクションみたいなものがおおいけれども、ぼくは人間の原点にもどりたいという気がする。だから万国博のときも太陽の塔のようなまったくプリミティブなものをつくったわけですよ。石器時代のような感じのものをね。というのは、万国博のときにテーマ・プロデューサーをたのまれたんだけれども、いたるところに近代主義的な機械でつくったようなものばかりならべて、得意になって〝進歩と調和〟とかいっていた。ぼくはテーマ・プロデューサーでありながら、テーマの反対をやったわけだ。人間は進歩していない、逆に破滅に向かっているとおもう。調和といってごまかすよりも、むしろ純粋に闘いあわなきゃならないというのが僕の主張で、モダンなものにたいして反対なものをつきだした。丹下健三の建てた大屋根はメカニックなものだけれども、それにたいして屋根をぶち抜いて、まったく根源的な感じのものを。けんかじゃない、うれしい闘いをやったわけ。アンチ・ハーモニーこそほんとうの調和ですよ（岡本太郎の証言）。

破壊こそ調和として、大屋根の丸い穴を開けて、太陽の塔をその穴から首を出させたのである。

3　宇宙（太陽系）の中の人類の位置を探ったテーマ館

（1）進歩と調和の政府出典のテーマ館

「太陽の塔」は、大阪万博のテーマ「人類の進歩と調和」を紹介する政府出展のパビリオン「テーマ館」の一部としてつくられた。テーマ館は、地上、地下、空中の三層にわたる展示空間から成り立っていた。テーマ館、調和の広場。地下 - 過去／根源の世界 - 生命の神秘、地上 - 現在／調和の世界 - 現代のエネルギー、空中 - 未来／進歩の世界 - 分化と統合（組織と情報）テーマ館の中心である太陽の塔は三層の展示空間を入れる建造物で、その建造物が、太陽をテーマした造形物であった。博覧会会場のシンボルとして人間の尊厳と無限の発展を表現したもので、約七〇メートルの高さで大屋根を貫いてそびえ立ち左右に腕を広げて会場を訪れた人々を迎えた。「太陽の塔」は、未来を象徴する頂部の「黄金の顔」、現在を象徴する正面の「太陽の顔」、過去を象徴する背面の「黒い太陽」の顔をもっている。日本万国博覧会当時テーマ館の地下展示室には「地底の太陽」といわれる顔が展示されていた。

太陽の塔の地下テーマの展示は、テーマ委員会が担当した。小松左京、梅棹忠夫、川添登などが携わった。梅棹は、世界からの展示物の収集で参加した。

地下（過去）から胴体（現代）の展示を経て、空中の未来を展示するのが企画で、空中はアーキグラムなどの展示だった。

その地下部門となる「調和の広場」の地下部分では、「生命の神秘」をテーマに進歩や調和の根源にある混とんとした原始的な体験を、地上部門では、「現代のエネルギー」をテーマに人間の生き方の多様さ、そのすばらしさや尊厳を、そして大屋根の空中部門では、「未来の空間」をテーマに人間尊重の未来都市の姿をそれぞれ表現していた。

来場者は、地下展示場から太陽の塔の内部を通って大屋根の空中展示場へとつながる経路で観覧した。太陽の塔の内部の展示空間には、鉄鋼製でつくられた高さ約四一メートルの「生命の樹」があり、樹の幹や枝には大小さまざまな二九二体の生物模型が取り付けられ、アメーバなどの原生生物からハ虫類、恐竜、そして人類にいたるまでの生命の進化の過程を表していた。

（2）黒い太陽

太陽の塔の内部につくられている高さ四五メートルの「生命の樹」は、生命を支えるエネルギーの象徴であり、未来に向かって伸びていく生命の力強さを表現している。この「生命の樹」は、単細胞生物から人類が誕生するまでを、下から順に〈原生類時代〉〈三葉虫時代〉〈魚類時代〉〈両生類時代〉〈爬虫類時代〉〈哺乳類時代〉にわけて、その年代順に約三〇〇体の模型を枝に取りつけることによって生物の進化を表していた。模型は円谷プロが製作を行った。内部はエスカレーター、もしくは展望

黒い太陽が見下ろすお祭り広場の交流風景

出典：朝日新聞社。

エレベーター（国賓専用）で一階から上層部まで、登りながら見学することができた。太陽の塔の中での生命の樹は、太陽系という宇宙の中の太陽を中心とした星の家族の一つが、生命を生み出し、ついに太陽系の中で人類とその文明をつくり出した壮大なドラマの展示である。太陽はそのドラマの主人公であり母親なのだ。岡本太郎やテーマ館に従事した人々は、生命に彩られた地球と人類を生み出した太陽系について語ろうとした。

　この太陽の塔であるが、筆者は、太陽の塔に「黒い太陽」があることに万国博当時から注目していた。なぜ黒い太陽なのか。真っ赤に染まった太陽はわかる。しかし、太陽が黒いのはどういう意味なのか。太陽系の終末を意味するのか。岡本は、黒い太陽と題した詩を残している（岡本、一九六七年、六二頁）。

ある日
太陽は　真赤な／巨大なカニである
あしたにガサガサ　ザワザワと音をたてながら
一方の空からのしあがって来て

空いっぱいの透明な液のなかを泳ぎくぐり
真昼
無数の爪を伸ばしきりに伸ばして襲いかかり
やがて　真赤に鮮血をほとばしらせながら
西の空に落ち込んでゆく
――再び暗黒の深夜にたちのぼってくる

岡本は「それは暗い、やきつく光を持った――黒い太陽。（中略）黒い太陽に、矢をはなとう。そして赤いカニをし止めなければならない」と言い放っている。太陽は「分析され、散文化され、われわれの根源的な生命のよろこびと断ち切られて、無感動になってしまったニヒリズムの太陽」。「すでにゴッホは、狂熱的に原色をほとばしらせ、輝く太陽を追い求めながら、画面いっぱいに太陽の暗黒を描いた。これは現代のニヒリズムの前兆である」。このニヒリズムの黒い太陽を、「再び全人間的に、芸術的に生きかえらせようとする欲求」とする。これが岡本が太陽の塔に込めた芸術家としての命題であった。

岡本の黒い太陽は、産業革命を起こした蒸気機関のエネルギーの石炭であり、現代の工業文明を支える石油である。その両方とも太陽エネルギーが生み出した化石である。そのエネルギーの消費が公害と地球温暖化をもたらし、人類の生存に赤信号をつけている。人間が真赤な太陽を黒い太陽に変えた。太陽の塔の背の黒い太陽に、人間の自己破壊の警鐘が顔をのぞかせている。

4　太陽の塔は、立ち続ける

（1）太陽の塔はゴジラだ

大阪万博開催当時、筆者は太陽の塔が、丹下の大屋根の丸い穴を突き抜けて、大きな広い空に向かって立ち上がっている姿を見て都市を破壊して暴れまわるゴジラの姿を思い浮かべた。曽根幸一はいう（槇・神谷、二〇一三年、二一二頁）。

作業の途中で岡本太郎氏が参画して、すでにできていた大屋根の円形の空洞部に「太陽の塔」が出現、六九年の暮れくらいですかね？

（中略）

太陽の塔は最初から構想されていたものではない。岡本の案が突然出てきた際のことを、本書のためのミーティングにおいて、磯崎は、丹下が非常に悩んだ、自分は垂直派（＝岡本派）でなく、水平派（＝大屋根派）だった、とコメントしていた。これについては、神谷は丹下が悩んだということはなかったと否定的だが、曽根は、先生はこの塔の形態には苦虫的な表情をされていた、と磯崎寄りの発言をしている。意見や記憶もさまざまだが、従来の磯崎と岡本の経緯からいって、この（否定的な）コメントは意外に聞こえる。磯崎は岡本のシュルレアリズムを対極主義として評価していたし、六角のイラストをみても、無機的な大屋根あるいは装置と正反対に生命的なロボットやタワーという対比は十分あり得るからだ。しかし、結果的には、この圧倒的に「見えて」しまう塔＝ヴィジブル・モニュメントの出現により、インヴィジブル・モニュメントは文字通り背景に退くことを余儀なくされた。大屋根の下にひろがる空間のスケールは見事なものだが、お祭り広場に参加する「大衆」にアピールするという点では、見えない「空間」よりも、あからさまに見える「オブジェ」としての塔が効果的だったであろうことは否定できない。

大阪万博当時のシンボルゾーンとその周辺パビリオン群
左上は，日本政府館。
出典：大阪府提供。

1978年前後のシンボルゾーン
大屋根が撤去され，太陽の塔だけが残されている。パビリオンが撤去された跡の，緑が復活してきている。左下は民博。
出典：大阪府提供。

万博の森に囲まれて立つ太陽の塔
出典：筆者撮影。

（2）緑に包まれて、太陽の塔は立ち続けている

万博が終了後、太陽の塔は撤去されることが報じられると、一九七五年一月二三日にも太陽の塔撤去反対の署名運動があり、施設処理委員会で永久保存を決めた。

万博記念公園における文化的価値の代表として太陽の塔は今も森に包まれて立ち続ける。塔は人類学の殿堂とともに、民博とともにある。なお、テーマ館で展示されていた展示品は現在、民博で保管されている。また、大屋根の一部はお祭り広場の低い位置に残されている。万博のシンボルタワーとしてつくられたエキスポタワーは、二〇〇三年に解体・撤去された。太陽の塔は一九九四年から九五年にかけて大規模な改修工事が行われ、永久に保存されることになった。万博記念協会が万博記念機構へ改組したことを記念して、地下部分が特別公開された。太陽の塔は、万博を象徴する建物として現在でも強いインパクトがある建物で、吹田市や北摂地域のシンボル的な存在にもなっている。実際、吹田市のマンホールには太陽の塔が描かれている。跡地利用懇談会の委員であった梅棹忠夫は、岡本に次のような言葉を投げかけている（梅棹、一九七八年、三三二頁）。

　こんど大屋根を完全に下に降ろしましてね。太陽の塔が露出した。このほうがうつくしいです。塔の全容がはっきりあらわれてきましたからね。

跡地利用懇談会のメンバーで、太陽の塔の撤去を決定した梅棹も、緑に包まれた文化公園の中に

残った太陽の塔に、賛意を表明している。一九七〇年の大阪万博のお祭り広場の大屋根を突き切って建てられた太陽の塔は、大屋根が解体された跡に孤立して屹立している。まわりをメタセコイヤの樹林で囲まれて、公園への来訪者を迎えている。万博当時をしのばせる唯一の遺産風景であり、園内各所から見える。外からは北摂山系を背景に立っている姿は、地球を鼓舞して太陽系の宇宙に生きている生命の代表として、万博の森のシンボルにふさわしい姿になっている。

第九章　地球環境時代の新種の公園

1　大胆不敵な森の再建──万博の森

(1) 異例な設計条件

一九七〇年九月、半年の会期を無事終えて、大阪万博会場の中心地区であったメイン会場(パビリオン地区)一〇〇ヘクタールから、日本政府館、各国政府館、企業館などパビリオンが直ちに撤去された。鉄鋼館など残されたパビリオンもあった。万博会場の道路区画と建物の敷地の区画が残された。お祭り広場は将来撤去されるという方針で、裸地に取り囲まれて大屋根、太陽の塔などは残っていた。また、日本庭園(三〇ヘクタール)は残された。建物の撤去跡は、土で被覆されほぼ土がむき出しの砂漠の様な「裸地」が現れた。

一九七一年三月、高山英華東京大学教授が顧問をする都市計画研究所で「万国博覧会記念公園基本計画」が策定された。その中の専門委員であった高橋理喜男大阪府立大学教授から、一九七二年六月、

1972年，パビリオンが撤去された跡に現れた裸地
出典：公式記録③（1972：369)。

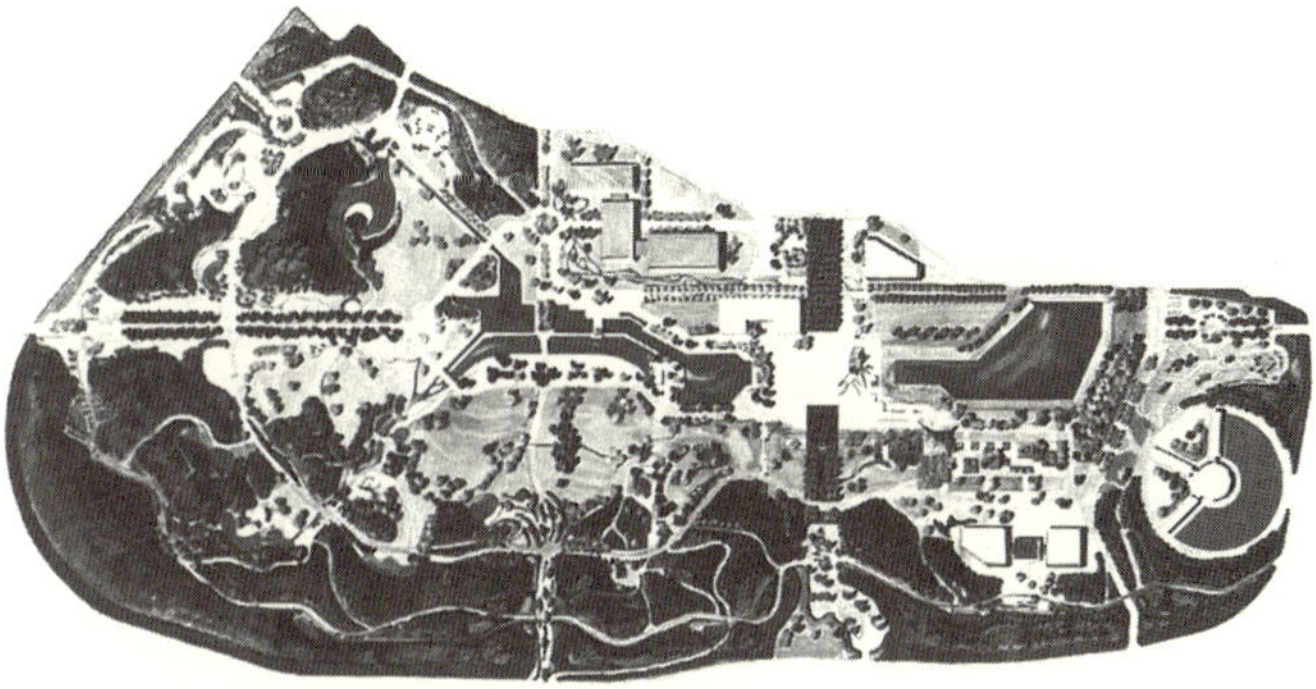

環境事業計画研究所が最初に提出した自然文化園地区（万博の森）基本設計図（対象100ヘクタール）
出典：吉村（2004：28)。

筆者の事務所「環境事業計画研究所」に基本設計・実施設計の依頼があった。設計の対象は万博公園二六〇ヘクタールの中核であった国内外のパビリオン地区とお祭り広場を含んだ一〇〇ヘクタールであった。明治神宮が八〇ヘクタール、大阪城が一〇〇ヘクタールだからこの地区だけで大規模都市公園の広さを擁していた。その年の内に、基本設計とお祭り広場の西地区の植栽の実施設計を終えた。

筆者に与えられた設計の内容は、この地に森を主体にした自然を三〇年で再建することであった。この設計要件は、今でも無謀な指示であったと思い返している。明治神宮でも裸地に人工植栽をしてからようやく森になるのに五〇年以上かかっている。それを三〇年で成熟させよというのは森の成長速度を無視した指示であった。三〇年という時間の設定は、都市化によって自然がなくなっていく速度に対応した時間設定だと設計時に教えられた。破壊の速度を上回る速度を自然再建の時間に求めたのであった。ありていにいえば、森の速成栽培であった。

今枝信雄日本万国博覧会事務次長・日本万国博覧会記念協会理事長は次のように述べて、森の再建は未知なる冒険に向けての大胆不敵な試みだといっている（梅棹、一九七八年、一二三頁）。

自然環境の保護であるとか自然の回復とか最近いわれますが、万国博のときには近代都市のコア（核）をつくるということだった。それをいまこわしてしまって自然の状態をつくろうとしているわけです。（中略）博覧会以前の植生をひと皮むいて近代都市のコアをつくって、さらにそれを全面的にこわして、ちがった様相の自然景観をつくるというのは、ある意味ではたいへん大胆不敵な試みであることは事実です。いまやっている植樹がすくすくそだったらみものだともいえますね。

（2）万博の森は、クライアントが大蔵省だったから誕生した

大胆不敵な実験と今枝に言わしめた「自然の再建」であるが、自然の再建は、例えば鉱山で山林が丸裸にされたところに植林をして自然をよみがえらすのではない。万博公園という市民の散策や休息、野外の遊びなどのレクリエーション利用の場に森を再建させることが命題であった。言い換えれば、再建された森を舞台に、市民が野外のレクリエーションを興じることができる公園をつくるということになる。しかし、レクリエーションを目的とした公園に森をつくるという命題の実現は、当時としては大変に難しかった。

人工の森をつくることが大胆不敵という今枝の言葉には、命題の実現の困難さを克服しなければならない二つの障害が意識されていた。第一は、都市センターにも供されえた都心の高価な土地に、経済的価値の低い森をつくること。第二は、都市公園を管轄していた当時の建設省が公園に森をつくることを拒否していたことである。その障害の克服こそ万博の森の奇跡の誕生につながるのである。当時、大規模公園の建設には、国の指導官庁である建設省緑地課が土地買収や整備などの補助金などで、大きくかかわっていた。その建設省は、大規模公園をつくる際に現在の森のような豊かな生態系の自然が生まれるのをはばむ様々な制約を設けていた。

一九七〇年代の建設省（現・国土交通省）緑地課では、大規模都市公園の整備方針に、「自然生態系の復元あるいは再建」という考え方はなかった。公園内に大規模な森を造成することは、見通しが悪くなり犯罪を誘発する。川や池をつくる場合は、水の事故死の場合の補償が必要だという理由で水辺のすべてに柵を設けること。さらに、芝生をつくっても、そこには柵をつくって立ち入らないように、などが設計事項としてあった。一九六〇年代につくられた多くの公園は風が吹くと砂埃が舞い、歩く道はコンクリートで固められ、巨大な遊具がその中に設けられ、夏の暑い日差しのなか、わずかな樹林が点在するという風景が一般的だった。その樹種も公園に投入される予算が潤沢ではなかったため、安価で成長が速いプラタナスやイタヤカエデなどの外国産のものが目立っていた。ドイツの自然保護思想の中核になったビオトープ（生態系の存在する場所）という言葉は、一九九〇年代に日本に導入されたので、筆者の設計当時は、公園建設に、生態系の回復という概念は存在していなかった。一九七一年、万博記念公園・自然文化園（万博の森）が、答申通りの「自然生態系の復元あるいは再建」を背景にした「生物多様性のある回遊式風景庭園」が可能になったのは、都市公園に対する政策を扱うことがない当時の大蔵省（現・財務省）が万博記念公園・自然文化園の発注者だったからだ。大蔵省が自然再建に多くの制約をもっていた建設省の代わりに、万博公園の発注主体者になったことが、今枝のいう大胆不敵な試みであったのだ。生態系の再建を旗印にした大規模公園・万博の森は、日本の公園史の歴史上始めての事件だったのである。なぜなら、生物の多様性をめざした大規模公園の建設は、日本では一九八〇年代後半に建設省による、昭和天皇在位五〇年記念の昭和記念公園（一八〇へクタール、立川飛行場跡）まで待たねばならなかった。生物多様性の生態系の再建を人工からつくりあげた大規模公園は世界でも類がない自然再建の実験だったのである。しかし、筆者が建設省の制約を無視する形で、都市公園を受注・設計したことで、その後の国の補助金交付による地方自治体からの都市公園業務は激減した。万博の森を建設省の公園設計の制約条件を無視して設計したことへのある種の窘《たしな》めだったのだろう。

（3）一九七一年から三〇年で、第一次の熟成した森をつくれ!!

大阪万博会場のパビリオン群が撤去された万博跡地の荒涼とした裸地に、生態系の森を人工的につくることは、植栽された樹木が、用材などのために伐採される杉やヒノキの人工林をつくることではない。いつまでも伐採されることのない永遠の森をつくることである。この森の設計に従事した筆者にとって、永遠の森を大規模につくることは経験したことがなかった。大学では林学科を卒業したが、林学で学ぶのは杉やヒノキの苗木を畑のように一種類の樹種を植林し、人工の森を育成させる造林学だった。そして、その森は十分生育すれば、一斉に伐採され、木材として利用される運命にある一過性の森だった。伐採されることが前提で植林される森の学問が造林学で、自然生態系を再建することを目的に、いつまでも伐採されない森林をつくるという学問ではなかった。当時、破壊された土地に自然再建という概念がなく、森の再建の時期を、三〇年という短期間で達成せよという時間の制約の中でという条件設定も前代未聞のことだった。森を短時間で育成する知識や技術は皆無だった。どう

植栽後５～10年経過の森（1975年頃）

パビリオンが撤去された跡に植樹した当時の西の丘からの風景。丹下健三の設計した大屋根と太陽の塔が見える。

出典：筆者撮影。

すれば森を再建できるのか。そこで参考にしたのが、神社の森だった。明治神宮、橿原神宮、近江神宮などは信仰で人々が献木し植栽した人工の森であり、そこから「伐採されない森」のつくり方について多くを学んだ。森の再建の完成時期を三〇年にした根拠は定かでないが、森が成熟する通常の時間を仮に一〇〇年とし、その年月を三分の一に区分することで、森の成熟を段階ごとに目標時を設け、成長の度合いを評価し、次世代に森の成熟をバトンタッチしていこうというのが三〇年を設定した根拠である。

　林業と違って、いつまでも伐採されない永遠の森の育成には成熟段階毎に達成目標を決めることが必要になる。三〇年といえば人間の一世代に相当し、植栽にかかわった人々が生きている範囲でその成長を見届けたいという人間の尺度としても意味がある。また、その成長の段階で、公園利用の景観的な要請もあった。ある程度初期の段階から見られる森をつくる必要性も求められた。庭園をつくる場合は、高木を植栽し、植栽工事の完成時に庭園が完成し、庭は即座に利用に供されることが条件である。しかし、数十万本もの樹木を植栽する万博公園では、苗木の成熟を待つしかない。そのためには、まず第一にその場所に生育する森の生態系の目標として植栽樹種をどのような構成の森にするかを定める必要がある。次に第一次成熟の目標年次である三〇年後に合わせて、三～一〇年単位くらいで植栽樹種がどのように生育し、生態系を生み

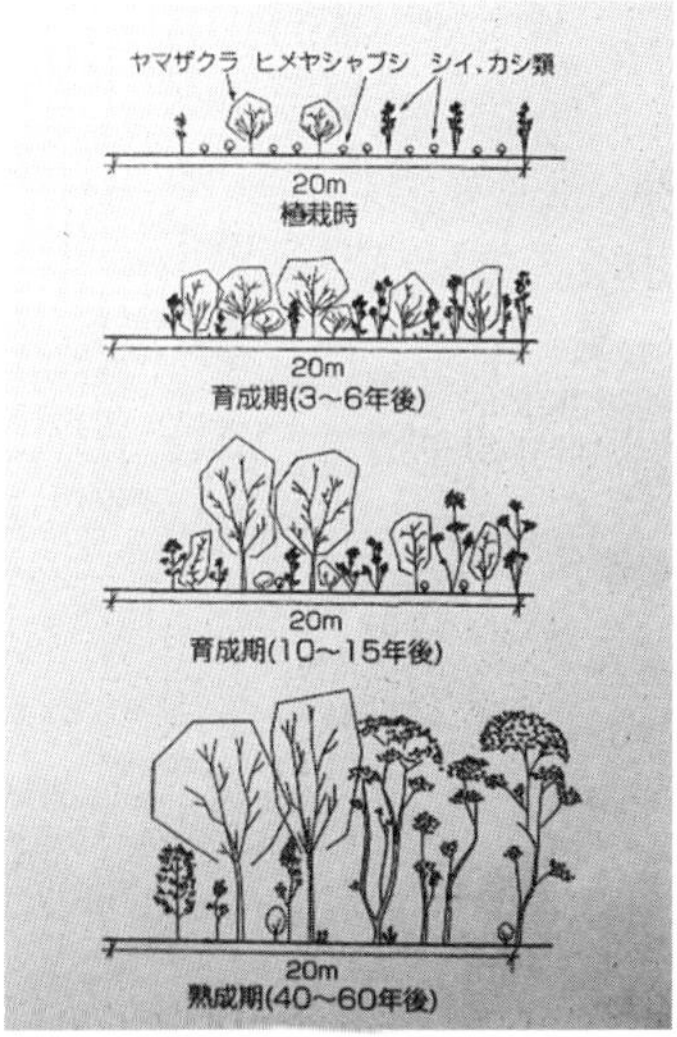

密生林の成熟までの生育年次プログラム
出典：吉村（2004：64）。

よみがえった森
植栽後，20年ほど経過していた。
出典：大阪府提供。

だしていくかの予想をたてる。つまり、三〇年先の森の成熟を目標にして植栽樹種のそれぞれの苗木の大きさや苗木の配置を決定するのである。

「裸地」に土を盛り、一〇〇万本にものぼる苗木を植栽し、約一五年経過した時期の万博記念公園。お祭り広場の大屋根が撤去され、太陽の塔は残されている（本書iv頁の写真参照）。植栽後一〇年ほど経過した一九八一年頃、ようやく上空から樹林が育っていることが確認できるくらいになった。植栽後約三〇年の第一次成熟期に近づいた頃の一九九五〜二〇〇一年には、濃い緑が復活してきた。万博当時の日本庭園の緑と区別がつかないくらい樹林の緑が濃くなっており、西大路の並木も、はっきりと目立つほどに生育してきた。奇跡の万博の森の誕生である。

2　三つの森で、生物多様性のある生態系の風景をつくる

（1）人々が入り込める生物多様性のある生態系の森をつくる

万博の森は、二〇〇一年植栽から三〇年経過して熟成した森になった。パビリオンが撤去された跡の裸地に何万本の樹木が植栽され、懸命に育てられて、見事に森が復活してきた。短期間にこれだけの規模の森が生育してきたこと自体が、自然の力であり、植栽し、維持管理してきた人々の努力の成果であった。しかし、一九八〇年頃には、苗木はまだ充分に育って地表を樹冠で被するまでいたってないため、裸地が露出していた。その苗木の間に雑草などの草木が繁茂した。そこにキジが飛来し棲

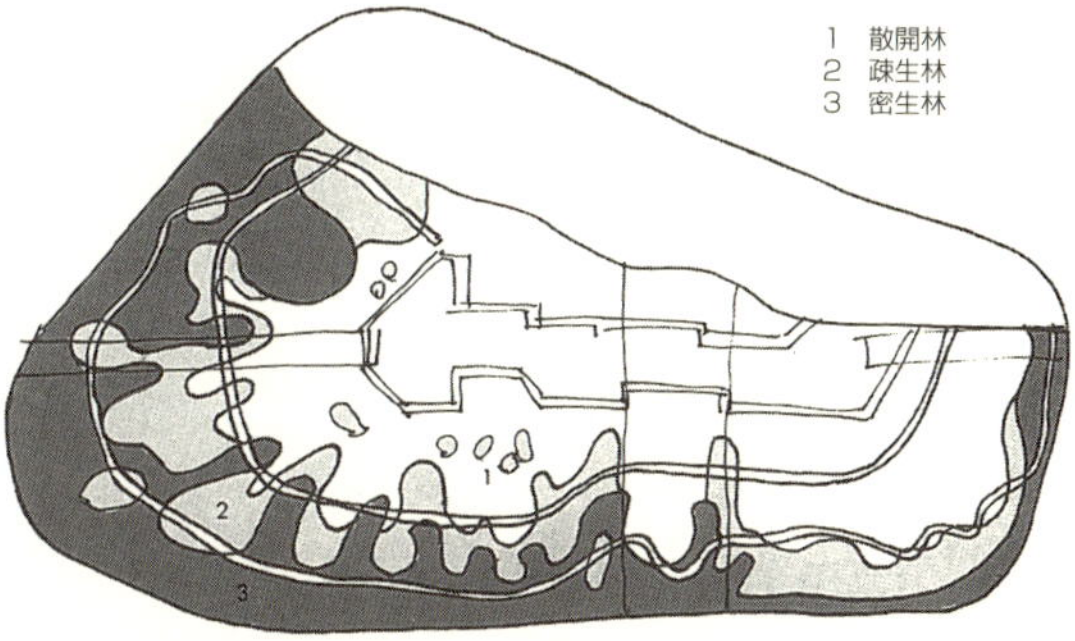

万博の森の散開林・疎生林・密生林の配置計画

出典：吉村（2004：44）。

息し始めた。キジはバッタなどの多くの昆虫を食糧にして生きている。キジが早期育成段階の森に飛来したことは、自然生態系の回復の証左でもある。しかし、苗木が生長してくるに従って草木がなくなりバッタなどの昆虫が激減したことでキジは姿を消した。キジのいる生態系が失われたことを意味している。草本の消失はキジの生存基盤を奪う。森が成熟するに従って、草地がなくなり、キジがいなくなるというジレンマに陥る。

生物多様性のある生態系を維持するためには、草地が森林化する自然の遷移の力を人為的に阻止しなければならない。都市という人工的世界で生物多様性のある生態系を維持するためには、人間の自然への人為的介在が必要になる。この自然への人為的介在を、筆者は「自然との共棲」と呼んできた。これは「自然との共生」ではない。人間が自然と共生しているといえる関係を構築しているのは農村である。里山は農村における森と農民との間に構築される資源循環の関係で生みだされるものである。それは共生の森である。しかし、万博の森は共生の森ではない。人間が森の成熟化による草地の喪失をいかに食い止めるかという、自然の遷移の法則に逆行して抑制的になることが、生物の多様の生態系を維持する鍵になる。それは人と自然が共棲する論理である。

共棲の森づくりに最も重要なポイントは森の配置である。その狙いは、多様な生物棲息環境の造成と人々のレクリエーション行動をどう両立させるかである。人々が大勢あつまりスポーツを興じる場所は樹木が点在しバッタやトンボ、チョウが棲息する草地や芝生で、タカが住めるようなうっそうとした森ではない。深い森の中では、暑い日差しを避けて涼しい散策を楽しめる。生物多様性のある生態系と人々のレクリエーション形態を調和させることが、生物多様性のある生態系のタイプを決定する上で最も重要な要件であった。それゆえ、うっそうとした樹木の密度の高い森と、草原のように樹木の密度の少ない森とに分類し、それぞれがどのようなレクリエーション利用と対応するかを検証する作業が必要である。そのために、森を樹木の密度によって三つ（密生林・疎生林・散開林）にタイプ分けして配置した。

(2) 三つの森――密生林・疎生林・散開林が、生物多様性の風景をつくる

三つの森のタイプは新しい森の概念である。この概念を提唱したのは、万博記念公園の基本計画に従事した高橋理喜男である。三つの森とその役割は以下である。

三つの森の使命は、その組み合わせによってどれほど多様な生物棲息条件をつくりだせるかがカギになる。

①　密生林の役割

密生林は、高木、中木、低木、潅木が密生している樹林をいう。日本ではシイやカシの森からなる照葉樹林ともいわれている。万博の森ではその規模が大きいほど生物多様性は大きくなる。そのため密生林は、帯状や塊状に配置して、公園全体の緑の骨格にするのが望ましい。公園的利用では、密生林は暗いイメージで親しみがないが、生物多様性の風景づくりをめざす万博の森では、密生林こそ、自然再生の中核を担う森になる。森の再建には、湿り気が必要となる。密生林の中に小川を縦横に配置し、小川から蒸発する水分が、乾燥しがちな森に湿り気をもたらし、森の早期生育に寄与するようにした。

②　疎生林という名の雑木林

疎生林には、生物の命が満ち溢れている。疎生林は雑木林あるいは二次林とも呼ばれ、クヌギ、コナラ、チクノキなど落葉樹を主体とした多種多様の樹木が仲良く場所をわきまえて育っている。だから、そこには人も鳥もチョウもおのずと集まってくる。梢を通して太陽の光が地面に届くからだ。

③　散開林の原っぱは、人類誕生の風景

平野に立地する日本の都会では、もはや原っぱはまったく姿を消している。原っぱは、日本の平地や丘陵に都市ができる前の日本の原風景であった。広々とした緑の平地は、失われてしまった。原っぱは、建築や道路でぎっしり覆われた環境に生きるわたしたちにとって、人間回復の郷愁の風景なのだ。また、原っぱは、アフリカの乾燥地帯のサバンナの風景に似ている。人類は森からサバンナに進出して二足歩行動物になり、人類に進化した。サバンナの風景は、人類誕生の風景でもある。大きな大地と広い空の間で、人々は人類誕生の夢と、郷愁の原っぱの夢をみて開放される。

(3) 異なる森の配置によって、生物多様性の生態系を作るという設計手法

大公園の設計において、森林の配置によって生物多様性の生態系をつくる設計手法は万博の森で初めて採用した。これまでの大公園の建設で、人工の森を主体にした設計手法は採用されることはなかった。庭園や公園において樹木類は点景や刈り込みあるいは生垣、街路樹といった風景材として使われたが、樹木を集団としてあるいは森林として公園の風景デザインに使うことはなかった。万博の森では、裸地から生物多様性の生態系を人工的につくるために、どのようなタイプの森をどのような規模でそれぞれどのように配置するかが最も重要な要件になった。森のタイプは多様である。日本のような温帯地域では、照葉樹林、針葉樹林、落葉樹林など群落としての樹林がある。裸地から森を人工的につくりあげた先輩格の明治神宮では、多様な森をつくるために、照葉樹林、針葉樹林、落葉樹林の混交による森の再建をめざした。しかし、その森は多様な樹木が密集するジャングルのような森で、太陽の光は森の足元に届かず、地上には苔などの耐隠性の強い植物だけが繁茂するという、生物の多様性という植生には充分ではない森となっている。明治神宮の森は禁足の森であるから、人々が散策などで好む明るい森をつくる必要はない。しかし、万博の森は、人が森の中に入り込めるレクリ

エーションの森である。その森を多様な生態系にするためには、うっそうとした森だけではなく、太陽の光が森の地面にまで届く、林のような樹木密度の低い森も必要である。森の中に原っぱがあり、太陽が降り注ぐ水辺の生態系とうっそうとした森が混在してこそ、万博の森は生物多様性のある生態系が保持できる。そのことによって散策する人々は、明るい森の中で、太陽の光を浴びて散策や休息ができ、うっそうとした森の中で冷気と静けさを楽しみ、小鳥のさえずりに耳を澄ませる。森の中に入って森を愛してこそ、自然と人が交流し、交感できる森が生まれる。このような人々に開かれた森づくりの主旨のもと万博の森に生物多様性のある生態系をつくるために、様々な樹種の混交林の単一の植生ではなく、森を樹木の密度を主体に分類し、樹林密度の違いによる三つの森のタイプをつくったのである。

3　タカが棲息する都市公園をめざす

（1）公園の魅力を、風景の多様化で確保する

散開林が密生林、疎生林と違っているのは、大地が芝生で覆われていること、樹木がまばらであることである。散開林の樹木は、広い原っぱの中に散在して空いっぱいに枝葉を広げて、それ自身ランドマークとして美しい巨樹の形態になっている。巨樹の樹冠は暑い日差しが照りつける芝生地にあって、人々に緑陰を提供する。アフリカのサバンナに点在する巨樹の日影でライオンがゆう然とねそ

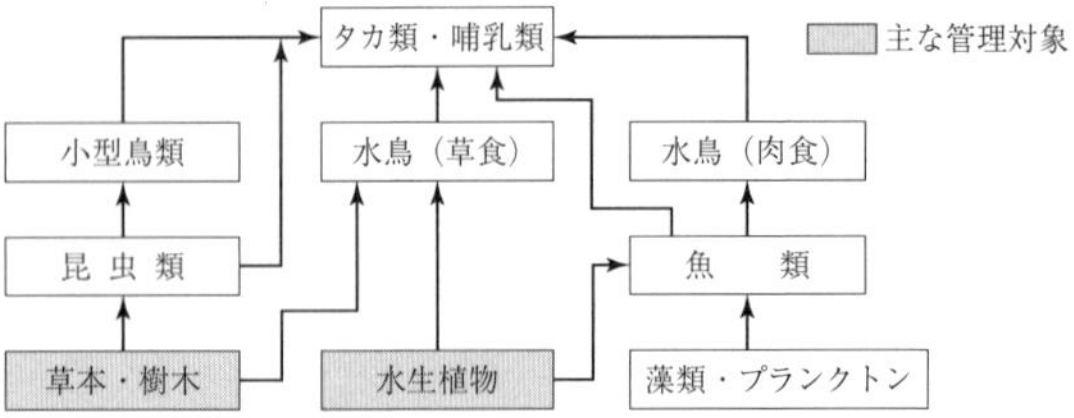

野鳥類から見た食物連鎖系

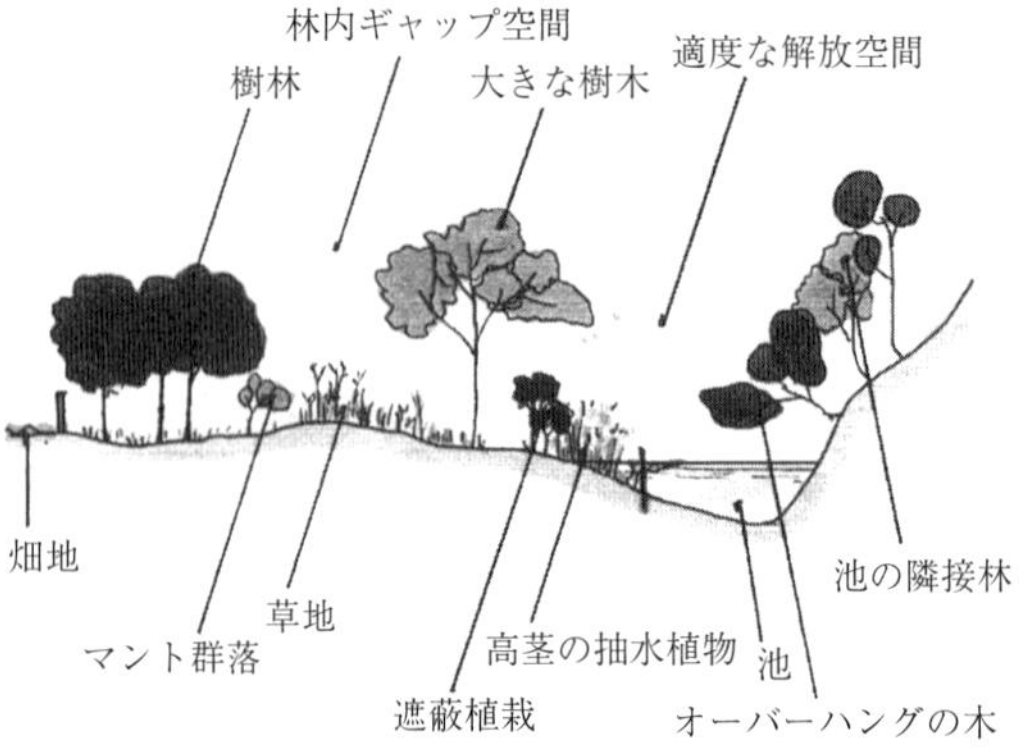

野鳥類の生息環境

タカや野鳥の生息をめざして，その餌場になる生物生息環境をつくる。タカはめざすべき生息環境の生物指標。

出典：吉村（2004：88）。

べっている姿をおもい浮かべてみる。広い原っぱの中の巨樹は、単木として植栽されるが、池のふち、河原の岸などに孤立して立っている姿は、絵に描かれたような風景の構図になる。

万博の森の風景は、分厚い密生林に囲まれて広がる原っぱの散開林との対比からなっている。都市に取り囲まれている万博の森だが、広い原っぱに立ってもビルや走行している自動車の姿は見えない。しかしこのような原っぱの風景は平地の少ない日本ではすでに都市化によって失われてしまった。平らに造成された土地に成育してきた万博の森の原っぱは、日本の平野の原風景をしのぶことができる。

森に囲まれた広い空地。その空地に立って周囲をみまわしても建物や人工物はまったく見当たらない。自動車が走る姿もない。見えるものすべてが植物生命から成り立っている。散開林は、大きな空と大地の接面にいることを、大都市の中で満喫できる。

生物の多様性の生態系とレクリエーション利用を両立させるために、三つの森をどのように配置しデザインするか。これが万博の森の空間設計の重要な課題である。公園の魅力は散策するに従って森の風景が多様な変化をみせるところにある。明るさと暗さ、静と動の変化、華やかさと落ち着き。様々な変化の組み合わせの妙によって魅力ある森の風景が醸しだされる。その課題の解決策としては、三つの森が、散策の道に次々に現われることである。とくに明るい森（散開林）のつぎに暗い森（密生林）が現われ、その反対の場合、散策者は、風景の変化をより豊かに、身体に刻み込む。両者の直接的な接触によって、双方の魅力を倍加して楽しめる。森と原っぱの境では人々は深い緑を背にして、明るい森に向かって休息を取る。深い緑に絶大なる安心感を持っている証左だ。

(2)　タカが生息し、渡り鳥が営巣する森をつくる

万博公園の生物多様性の自然生態系を再建する上で、最も重要なスポットと考えたのが、「水鳥の池」とそれを取り巻く大きな塊の密生林であった。この水鳥の池には一ヶ所を除いて人が近づけない。野鳥の森と名づけている場所の野鳥の観察小屋の小さな窓からだけ池を覗くことができる。池の中央に半島がつき出て、人の目線が届かない場所をつくった。人の気配を遮断した場所で営巣ができるよ

うにした。植栽後三〇数年経過して、タカがこの密生林に営巣することが確認された。タカは生物多様性の象徴的存在である。再建された万博記念公園の森が、タカを頂点とした生態系にまで熟成してきたことを物語っている。都市に囲まれた公園の自然がここまで育つ可能性を証明することができた。

植栽後30年の密生林

水鳥の池（上部の円形）を取り巻く密生林にタカが生息するようになった。下部の円形は，密生林にかこまれた森の広場（森の舞台）。

出典：大阪府提供。

モリアオガエルが生息する上津道の風景

疎生林の中を縫って走る水流と池。水辺に沿って上津道を散策する人々。

出典：筆者撮影。

4　生物多様性のある回遊式風景庭園（公園）の誕生

（1）チョウが舞い、モリアオガエルが棲息する風景をつくる

一八五八年の棲息状況調査ではチョウ類の調査がなされた。八科三三種のチョウ類が確認された。モンシロチョウ、アオスジアゲハ、ヒメウラナミジャノメなど、農耕地や住宅地のような都市郊外型の人工的な植生環境に生育する種が多く棲息していた。一方、チャバネセセリ、トラフシジミ、キタテハ、ジャノメチョウなど、里山周辺でみられる種は少ないという調査結果だった。チョウ類は移動能力が高いため、今後周辺地域からの飛来が期待される。チョウ類を中心にした食物連鎖にみられるように、チョウ類の棲息は、カエル、肉食昆虫類、小型哺乳類、鳥類の棲息条件をつくっている。植栽後四〇年経過して、モリアオガエルが棲息していることが確認された。都会の真ん中にあって、野生の自然の宝庫になりつつある。これほどまで生物の多様性のある生態系がよみがえってきたのは、密生林、疎生林、散開林の絶妙な配置設計の手法が正当であったことを証左することになった。しかも、大阪万博のメイン会場であったパビリオン地区の跡地に生育してきた一〇〇ヘクタールの万博の森の設計のめざすところは、すでに述べたように一般の人々の屋外レクリエーションの場と生物多様性のある生態系の確立を公園において両立させることでもあった。これは公園において、高山がいう「自然と人間との新しい関係を確立」する趣旨にのっとったものである。その趣旨を生かして設計し

散開林の原っぱと浅瀬

日差しを浴びて，それぞれの遊びに夢中になる。

出典：筆者撮影。

たのが、「生物多様性のある回遊式風景庭園」である万博の森である。この森には、様々な道が網の目状に縫って走り、道をたどると生態系の多様な自然の風景に出会える。多様な自然生態系が凝縮した野外博物館ともいえる。しかし、なにもしかめっ面をして学習する場所である必要はない。一時代前ならどこにでも生息していたカエル、トンボ、モンシロチョウ、コジュケイなど、歩くに従って次々出会え、彼らの棲息の風景の一部になり溶け込むことができる都市公園。新種の回遊式風景庭園といえる。

生物多様性のある回遊式風景庭園の特徴は、森の風景に、身体の全体を使って舐めるようにして分け入ることにある。風景に溶け込むといってもよい。あるいは自ら風景の一部になることである。そうすると、自然の森の生き様が身体に伝わってくる。生物多様性の風景を味わうということは、風景とともにあること。太陽の光をあびて、多くの命と人間が一つの輪の中にいることを実感する瞬間がそこにある。

（2）森を猿と鳥の目線から風景を楽しむ森、ソラード

二〇〇一年、万博三〇周年記念事業として、筆者は森をサルや鳥の目線から観察できる二つの展望台と「ソラード」と名づけられた長さ三〇〇メートルの「森の回廊」を提案・設計をした。森の回廊ではさまざまなタイプの樹林の樹冠群を巡り、地上とは異なる森の姿を体験できる。

高さ二〇メートルの展望台の最上階からは、ソラードが森の中を巡る風景が眺められる。手前の濃

密生林と疎生林のなかを巡る空中回廊ソラード
左下に塔が見える。向こうの芝生は散開林。
出典：大阪府提供。

明るい落葉樹の疎生林を巡る森の回廊ソラードを散策する人々。
出典：筆者撮影。

い緑は密生林の森、その向こうにはひときわ高い落葉樹のカエデとギンドロの群落がみられる。（写真ii頁）ソラードはこれらの樹林の中を突き抜けていく。これらの森の向こうに、太陽の塔が南の方を睨んで屹立している。三〇年で、裸地の万博跡地から、ここまで森が成熟（第一次）してきたのが手に取るようにわかる。この森の生育しているところが、一九七〇年に各国のパビリオンが林立していたとは想像もつかない。太陽のはるか向こうの東の山並は、生駒山系だ。

歩いて森に分け入るとき、地上からの森の風景しか見ることができない。森の巨樹をただ足元から見上げるしかない。たとえ森の樹に登っても樹冠のさきの梢までいくことはできない。梢にこそ花が咲き果実が熟れる。梢の風景を見れるのは昆虫、サル、鳥たちだけである。かれらの目線の風景をわれわれ人間が手に取るように楽しむために、森の空中回廊をつくった。森を立体的に観察し、森の豊かさ、包容力、力強さ、優しさ、美しさを、サルや鳥の目線で体感する。ここに密生林、疎生林、散開林の三つの森を縦横に、立体的に巡り、生物多様性のある生態系の風景を楽しめる生物多様性のある回遊式風景庭園（公園）の特徴がより鮮明に視界によみがえる。今枝のいう裸地から大胆な自然再建がめざしたものは、自然空間の中で人々のレクリエーションを目的とした大規模都市公園であった。万博の森は、万国博覧会という国の祭典によって誕生したという異例な経歴をもつ公園という意味で、新種の大規模都市公園と位置づけられる。

（3）万博の森は、地球環境時代の新種の大規模公園である

大阪大都市近郊の都市地域にある緑に包まれた文化公園は、二六〇ヘクタールあり、万博の森はその中核の公園として一〇〇ヘクタールの規模を誇る。生物多様性のある生態系が息づくためには、公園の敷地規模が大きいことが絶対的条件である。そこには森があり池があり、広大な見通しのある原っぱがある。歩いても次々に風景が変わり、広がりの世界を体得できる。住宅や都市的環境に縛られた中での日常生活を送る人々にとって、この広がりのある大地の風景は開放感を与える。それは広さがあるが故のことである。万博の森の特徴こそ、敷地の広大さに負っている。この広大な敷地規模をもつ庭園や公園は、近代公園が形成される歴史の中で捉えることができる。一九七〇年に生物多様性のある回遊式風景庭園（公園）として登場してきた万博公園が、新種の公園であることを、近代公園史の中の大規模公園史として検証しておきたい。一〇〇ヘクタールから一〇〇〇ヘクタールにも及ぶ大規模公園は、戸外で自由に散策と休養、スポーツを興じることができる市民の人権回復の運動の中で欧米主導で生みだされた。一九世紀から二〇世紀にかけての近代都市計画の成果であった。大規模公園は、日本にも導入された。日比谷公園、上野公園、円山公園などである。それらは江戸時代の大名屋敷など特権階級が占めていた大邸宅を解放してつくられたものが多かった。第二次世界大戦前につくられたこれらの大規模公園は、大名庭園などの庭園に起源をもつものが多く、庭園内に大きな森が繁茂して生物の多様性の生態系が息づいていた。しかし、戦後の復興の中の地方自治体の都市計画において、なけなしの予算で建設された大小の都市計画公園の多くは、自然再建に資金を投入する

ことができなかった。その結果、生物多様性の生態系のある公園とはほど遠い状態で、樹林や水辺はなかった。水辺や芝生があっても立ち入り禁止という具合で、砂場やブランコなどの遊具施設が目立った。このような二〇世紀後半に大阪万博を契機にその跡地につくられた万博の森は、日本の公園史の中でも、特筆すべき公園ということができる。新種の大規模公園という所以でもある。

5　工業文明から生物多様性社会への芽生え

(1) 大規模都市公園の系譜

くりかえして述べて恐縮だが、今枝は、万博公園で自然再建の一大実験を行っているといった。しかし今枝のいう実験は、もう一つの大きな社会実験的要素をはらんでいる。それは、自然破壊・農村破壊の上に築かれた都市開発の論理に、自然再建というまったく新しい都市開発の論理に挑戦したことにある。しかもその挑戦が、自国の工業の成果を世界に発信する日本で初めての万国博覧会上の跡地で実施されたことだ。工業の祭典を開催するために、千里丘陵の森と農業地帯を開発し、そこに万博会場を建設する。本来はこの跡地に都市センターをつくるはずであったが、それを押しとどめて万博の森をつくった。これは、工業の論理で形成される工業都市化による大都市化、人工都市化あるいは緑のない砂漠的都市化に対する、都市に森をつくる実験であった。都市の中に森をつくるという実験は、公害を引き起こす化石文明を人間が住める人間のための都市にする画期的な挑戦的な事業であった。数千億円の単位で投下された万博その跡地に、森をつくるという実験である。それはまさしく都市再生における新しい市民のための共有の森を取り戻そうとするコモンズへの闘いであり実験であった。万博の森は、工業の論理による都市化に対する生物の論理、生物多様性のある生態系の論理で誕生した新しい新種の大規模公園である。そしてこの公園は、工業博の跡地につくられたという意味において、工業文明から生物多様性社会へ移行する現代の大きな実験であったと位置づけることができる。

市民のための大規模な都市公園誕生の系譜は、いちはやく工業化による近代都市化を達成した欧米にその起源がある。公園の思想は、工業化によって環境劣化した都市の人間回復に最も大きな役割を果たした。日本の大都市公園も、都市住民の人間回復のために欧米の大都市公園の理念を輸入した。大都市公園の登場は、都市化のもつ非人間性、非自然性に立ちはだかる医学的、生理的、生命的、倫理的メスである。このメスが、どのように生まれたかを三つの代表的な大都市公園から見ることにする。そして、この大都市公園の歴史の上に、万博の森である生物多様性のある回遊式風景庭園（公園）がどのような位置にあるかを検証する。

(2) 狩猟地が開放されたハイドパーク・民衆に開放された狩猟場——ブローニュの森

一九世紀初めにつくられたハイドパークは大規模な都市公園の先駆けである。イギリスのロンドン中心部にある王立公園で、貴族など特権階級の馬上散策場であった。西隣のケンジントン・ガーデン

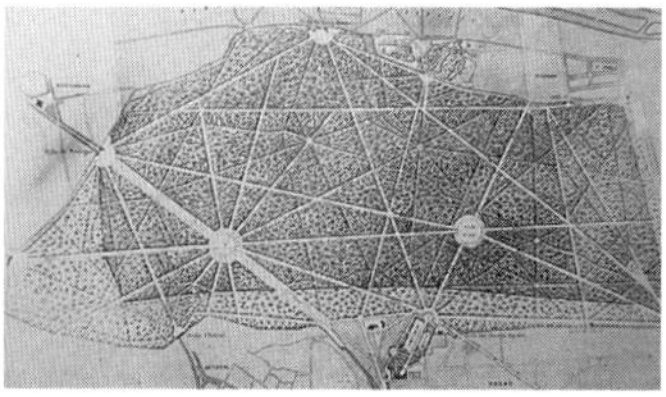

パリ改造計画以前のブーローニュの森（1850年以前）

革命期のブーローニュの森は，決闘と自殺の名所であり，王室の狩猟地の形態をとどめた樹林の単調な森であった。

出典：石川（2006：39）。

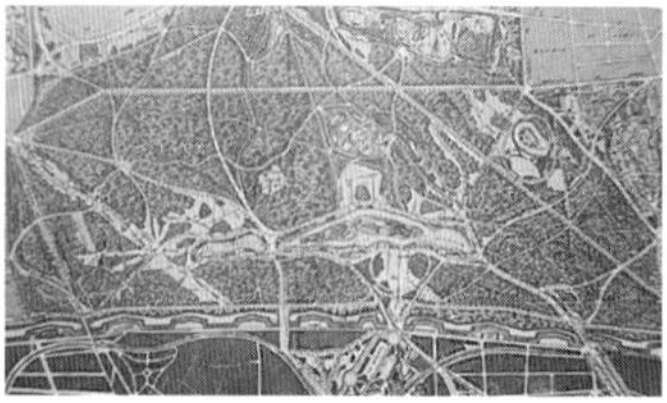

ブーローニュの森計画図（1850年代）

三本の小川によって結ばれた緩やかな曲線の大小の池が作られ，そこに，動物園，スケート場，キオスク，記念碑，ベンチが置かれた。

出典：石川（2006：39）。

ブーローニュの森（1995年）

ナポレオン３世は，自ら現地に赴き指示を与えた。約40万本の樹木が植栽された。

出典：石川（2006：38）。

ズとは一体となっており、全体がハイドパークで総面積は三五〇エーカー（一・四平方キロメートル）でケンジントン・ガーデンズの二七五エーカー（一・一平方キロメートル）と合わせると六二五エーカー（二・五平方キロメートル）にもなり、万博公園とほぼ同じ大きさである。ハイドパークの土地はイーバリー卿の荘園跡である。荘園跡を含めた土地はイングランド国王ヘンリー八世によって一五三六年にウエストミンスター寺院から買い上げられた。王室の庭園は公開の原則があったが、入園者に休息の場もベンチも提供されなかった時代が続いた。一八五一年には世界初の万国博であるロンドン万国博の会場となり、水晶宮が公園内に建造された。

　イギリスで最初に公園の開設を主張したのはジョン・ラウドンで、公園を提供することで民衆の不満を和らげるという主張で、一八三五年に建設されたケント州にあるグレーヴゼンドのテラスガーデンは最初の公園である。大規模公園の出現は、勃興してきた民衆の力で築き上げられていく市民社会の形成に依拠している。民衆が狭い住居と不衛生な環境から抜け出して、広い自然地でレクリエーション活動と健康を得る権利獲得する運動から生まれた。広大な敷地規模をもつ大規模公園は、すべての市民が広がりのある風景を自由に何者にも妨げられずに散策し遊び楽しむ権利を保障している。しかし、そのような広い土地での楽しみは、その土地を独占的に財産として所有する特権階級のみしかできなかった。それゆえナポレオン三世は、パリ中心部から西に五キロメートルほどの地域に位置し、ミズナラの茂っていた八五〇ヘクタールの王室林のブローニュの森を、公の憩い場にするためにパリに寄付した（ヴァン、一九九九年、一一七頁）。

ナポレオン三世は、騒々しいパリの街に公園をつくることが、政治的にも有益だと考えた。公園での休息と気晴らしが都市生活の緊張を和らげる役割を果たせば、大衆をコントロールしやすくなる。

このような論理で都市公園がつくられた。ナポレオン三世の反革命的戦略の一つである。ナポレオン三世はブローニュの森により多種多様な植物を栽培し、乗馬コース、自転車道路、競馬場をつくった。一九二九年、ブローニュの森は公式にパリ市に編入された。万博記念公園の三倍の大きさである。

園内には、フランス国立民族民芸博物館、子供遊園地、バカテル庭園、シェイクスピア庭園、オートゥイユ庭園のほか、有名なロンシャン競馬場、全仏オープンが開催されるテニス場がある。エッフェル塔からも近くパリ市民の身近な憩いの場として、週末を中心に散歩やジョギング、サイクリングなどのスポーツを楽しむ人々で賑わう。以前この森はパリを取り囲む城壁の外に位置し、貴族の狩場などとして使われていたが男娼の聖地であり、パリ市内の一大売春地帯となり、戦争で焼き討ちや強盗によって森は荒廃していた。シャンゼリゼの整備、ヴァンセンヌの森、モンソー、シャン・ド・マルスといった公園も、ナポレオン三世のもとで働いたオスマンらによって同時期に整備された。

(3) 高度に計算しつくされた大公園——セントラル・パーク

アメリカ合衆国のニューヨークのマンハッタンにある都市公園。南北四キロメートル、東西〇・八キロメートルの広さがある。三六〇ヘクタールにも及ぶ広さを持ち、市街地に隣接して、野趣に富んだ風景があり、屋外でのんびり過ごせる場所を提供している。周囲の摩天楼で働き暮らすマンハッタンの人々のオアシスとなっており、映画やテレビの舞台としても度々登場するため世界的にも知られるようになった。公園内はまるで大自然の中にいるように錯覚する風景だが、高度に計算された人工的なものである。いくつかの、二つのアイススケートリンク、各種スポーツ用の芝生のエリア、自然保護区、そしてそれらを結ぶ遊歩道などがある。公園内は自動車での通行が禁止されており、週末は公園を囲む九・七キロメートルの道はジョギングをする人々、サイクリングを楽しむ人々などで賑わう。渡り鳥たちのオアシスにもなっており、バードウオッチングも盛んに行われている。東側中央にはメトロポリタン美術館、西には道をはさんでアメリカ自然史博物館がある。セントラルパークはアメリカで景観を考慮して設計された最初の公園である。当時、膨張したニューヨークに大きな都市公園が必要であると、詩人ウイリアム・カレン・ブライアントやアメリカ初のランドスケープアーキテクチュアを提唱したとされるアンドリュウ・ジャクソン・ダウニングによってその必要性が唱えられた。一九三〇年代頃よりここに住みつくホームレスたちが増加し、暴力やレイプなどの夜間の治安悪化が問題となっていった。これを危惧したニューヨーク警察がここを重点地区に指定、現在は比較的安全になっている。二〇〇四年にはのべ二五〇〇万人もの人々が訪れたが、ここで起こった犯罪は一〇〇件未満であった。

アメリカニューヨークのセントラルパークの鳥瞰写真

(4) 一〇〇年後も、生物多様性のある生態系の風景を維持するには

筆者は、万博の森が三〇年を経て第一次の成熟期に達した後、万博記念協会から二一〇七〇年に向けた「万博風景

ミュージアム構想」を受託した。一九七〇年の大阪万博から一〇〇年後の森の姿である。その狙いは、一〇〇年経過しても生物多様性の生態系を持続的に維持させていくことであった。しかし、この手法は自然界では異例のことである。天然の森はクライマックスすなわち遷移の最終段階の森である極相に向けて数百年、数千年の時を刻んで成熟していく。その極相の森は必ずしも生物多様性のある生態系へと成長することを意味するものではない。自然界では、逆に、生物多様性から後退する場合もある。自然界では、極相林の森は、自然発生の火事や洪水などの自然の力によって森は破壊され、草原などにかえる。そして一から森が再生するという長いサイクルのもとで生物多様性の森が保証される。一方、人工的に植栽された森は、自然界のそのような長い期間の生態系の交代を期待することはできない。人間が関与して、極相の森への遷移を妨げることもしなければならない。奈良の若草山の「山焼き」行事は、草原でおおわれている山が、森に回復することを阻止する人為的作業である。山焼き行事をしないで自然に放置しておくと、隣の春日大社の一〇〇〇年の天然林に移行していく。うっそうとした森の横に、草原があることで、若草山全体は、生物多様性の生態系が維持されている。それは人間が介在することによってできた人為の末の生物多様性のある生態系の実現である。

(5) 人と自然の共棲作業が、生物多様性の万博の森をつくる

万博の森では、三〇年で森を促成栽培したために、外から見れば見事な緑の塊のように見える。しかし、幼樹を高密度に植栽したところでは、それぞれの苗木は競って太陽光を求めるために樹高はあ

るが、モヤシのような細い樹木が林立している。太陽光も地上に届かず、生態系の多様性からほど遠い。このような樹林では、間伐によって、太陽光を地上に入れることで、地上部に草本が生えるようにしなければならない。そうすることで昆虫や哺乳類が飛来する生態系がよみがえる。また樹木を大樹にしていくことも間伐作業の目標となる。植栽後十数年を経過した頃、散開林の草地をめがけてキジが数十羽も飛ぶのを、目にすることがあった。ところが、森が回復してくると、キジはまったくいなくなった。キジの棲息環境をつくるためには、草地が森林化しないように抑制管理が必要である。

万博の森の生物多様性を維持するには、間伐作業や草地の抑制作業といった人間の適切な関与が絶えず必要である。都市環境の中に、野生の生態系、つまり生物多様性の生態系を維持することは、自然と人間との共同作業であり、人間の介在があって初めて成立することである。この関係は、人間と自然が「共生関係」ではなく「共棲関係」にあることを示している。生物多様性のある回遊式風景庭園（公園）を一〇〇年維持することは、まさに、都市のど真ん中で、人間と自然との共棲作業を実行していることになる。

万博の森がめざしているヒトと自然との共棲がうみだす自然空間を、人工化され、都市化された領域の中に埋め込むのが、生物多様性のある回遊式風景庭園（公園）である。この公園の存在こそ、公害や地球温暖化という負の遺産を蓄積する工業化、都市化を押しとどめ、持続可能で人間回復の可能な都市創造への布石になるのである。生物多様性のある回遊式風景庭園（公園）は、まさしく、工業文明から生物多様性のある生態系社会への大きな転換点で生まれてきた新種の公園といえる。

第十章　巨大都市の功罪

1　万博公園は、自然破壊の免罪符か

（1）万博公園は、千里地域の自然破壊の免罪符か

大阪万博開催後三〇周年の年、三〇年弱の時間を経過して、会場跡地によみがえった万博の森に設置された森の回廊から見下ろしたとき、万博の森の設計の最初から、森の成熟までかかわったことへのよろこびと、それを成し遂げたことの満足感が、筆者の中に突き貫けていったことを今でも記憶している。しかしこのような気分の絶頂のとき、千里姫ボタルの会が作成した、千里地域の緑の破壊されてゆく四枚の図（口絵）を見て、よみがえった万博の森と失われた緑の対比におどろき、そして絶頂の気分が失せてしまった。四枚の図には一九六〇年代から始まった千里地域の千里ニュータウンによる約一一六〇ヘクタールにも及ぶ大規模住宅開発と一九七〇年の三〇〇ヘクタールの大阪万博会場建設による自然破壊のすさまじさが描れていた。万博公園で緑が再建され始めた一九七〇年代以降、

万博公園の緑が成長していく中で、千里地域の緑は二〇〇一年の三〇年間でほとんど姿を消してしまった。今まで大阪万博によって失われた緑地を三〇年かけて再建してきたそのすぐ外で、これほどまでに完璧に、広範囲に自然が失われていた。その結果、万博公園の緑は、都市化された千里地域に、砂漠のオアシスのように孤立して生育している。本書口絵の四枚の連続した図の一枚目では、一九六〇年以前、千里丘陵の竹林と農地の自然地の姿が克明に描かれている。千里丘陵は、大阪平野から見て高台にあたり、石器時代からの多数の遺跡があった。古代は大阪平野の大半が大阪湾や河内湖だったため千里丘陵のすぐ下は海や湖の岸辺にあたり、小さな港がたくさんつくられ交易で栄えていた。山田川、糸田川、正雀川など短い川の源流となっているが、どの川も短小で流量が少ないため、農業用に古くから多くのため池が点在していた。標高は二〇メートルから一五〇メートル程度しかない。川にたくさんの削られた細長い谷が丘陵の間に切れ込む、樹枝状侵食谷地形だ。その谷をせきとめてため池にし、下流で水田などをつくっていた。丘陵の斜面は桑畑と竹林で、タケノコの産地で知られていた。

千里丘陵の開発は一九二〇年代から始まった。一九二一年に千里山へ来た北大阪電気鉄道（後の阪急千里線）が十三から延び、大阪の郊外住宅地や別荘地として戦前から開発が進んだ。千里山遊園などの遊園地もでき、関西大学が大阪市内から移転してきた。また、一九六一年には毎日放送の本社機能の一部が、千里丘放送センターとして大阪市内から移転した。高度成長期、大阪市内の環境が悪化し家を建てられる余地もなくなったため、郊外に住宅の需要が増え乱開発の手が千里丘陵にも伸びていた。二枚目の図は、一九七〇年の大阪万博が開催された時期のもので、すでに一五万人を収容する千里ニュータウンの建設が終わっていた。丘陵地南部の緑は、まだ残されていた。都市化は、平野部の既存市街地の拡大圧力によって丘陵地の南端を侵食している様子がうかがえる。南の水田地帯も相当都市化が進展している。三枚目の図からは、大阪万博会場の跡地が公園化され、緑が回復している様子が浮かびあがる。都市化された地域の中にある万博公園の緑は、砂漠のオアシス空間のように見える。残された緑のもう一つは、服部緑地から東に延びる緑の東西の帯で、この緑は万博公園から南下する都市化と平野部の市街地から北上する都市化の二つの都市化をまぬがれて残された。四枚目の図では、この東西の緑の帯も、ほとんど消えている。そのほかの緑も、万博公園の緑と同様に、孤立した小さな塊でしかない。

(2) 分断される地域

千里丘陵で万国博が開催され、その跡地が緑に包まれた文化公園になったことで、千里丘陵は大きく変わった。公園の緑の回復と並行して、周辺の緑は根こそぎ姿を消した。この両者の力関係は、都市計画の矛盾を露呈している。大規模な自然破壊を伴う万博周辺の都市開発は、万博跡地に森が再建されたという理由で許容されたかのようになったからである。四枚目の図から見えてくることは、万博公園の緑が、千里地域の自然破壊を許す免罪符として捉えられかねないということである。

国家的イヴェントによって短期間で大規模につくる都市計画の事業手法は、利便性の高い良好な環境を効率よく生みだす一方、多くの矛盾や歪みを生みだす。三宅は、一九六四年の東京オリンピックがもたらした都市への影響について述べている（三宅、二〇〇五年、一八六頁）。

オリンピック時の首都高速道路の建設は、用地取得負担を避けて短期間で事業を進めるため、ルートの三分の三は河川敷、水路、道路のグリーンベルト上を通過するように計画された。こうして造られた高速道路は、人々から水辺や都市緑地などの憩いの場を奪っていった。また、環状七号線も最小の幅員で設計された。歩道や街路樹が設置されない個所もあり、周辺の住環境や景観に与えた影響は大きかった。こうした反動もあり、市民に自動車公害（大気汚染、騒音）など環境問題の意識が急速に高まっていった。オリンピックまでの建設優先政策に対し、環境・福祉軽視といった批判も生まれた。一九六七年には革新系の都知事が誕生し、道路建設事業は大幅にストップすることになる。ようやく徐々に道路建設が再開されるようになるのは、九〇年代に入ってのことであり、一九二七年に計画された環状方向の幹線道路の多くは、八〇年近く経った今でも完成に至っていないのである。

万博が開催された千里地域は大阪市の近郊農村であった。千里地域は行政区分からは吹田市と豊中市にまたがる。両市の中で農村地域であった千里地域に一九六〇年代に大規模な郊外住宅地千里ニュータウンが突然出現した。その結果、既存の市街地と連坦したニュータウンの間に、旧来の農業

地域を通過する交通幹線

モノレール，高速自動車道によって地域が分断されている。自転車は，排気ガスと騒音の中を走る。

出典：筆者撮影。

人工化される河川

河岸は垂直の護岸で固められ，岸辺にも近寄れない。

出典：筆者撮影。

集落が点在しているモザイク状の風景ができあがった。こういったモザイク状に都市化された地域を、国土や近畿圏クラスの大量高速輸送の鉄道や自動車の交通動線が縦横に貫通し、分断することになる。この地域の分断は、千里地域が、国土幹線である東西の京阪神ベルト地帯上に位置し、さらに南北を貫く近畿交通運輸幹線上にある地理上の立地によっている。ＪＲ新幹線、ＪＲ東海道線、私鉄、地下鉄路線などの大量人的高速輸送に加えて、名神自動車道、中国自動車道、近畿自動車道など、これらの交通運輸幹線が、千里地域を分断している。万博公園近くでは、モノレール、近畿自動車道、中国自動車道が一体化されて大交通動脈になり、その側帯には街路樹もない狭い歩道がつけられている。騒音と排気ガスを浴びせられながら、歩行者や自転車は通行している。また、都市化によって在来河川は、三面張りのコンクリートによって、自然護岸がなくなり、水辺に近寄れない。

（3）孤立する千里城壁都市群

それぞれの地域は通過交通路線や人工化された河川によって分断され、地域は、面と面が接しながらもお互いに徒歩や自転車による往来ができない。それぞれの地域はあたかも城壁都市のように孤立している。鉄道の駅や高速道路のインターチェンジが唯一の城郭都市の出入り口のようになっている。

一方、公園や緑地も城壁都市の中にあって孤立している。万博公園も、中国道の国土幹線自動車道と近畿自動車道、モノレールによって南北に分断されている。千里地域では、城壁都市間を徒歩や自転車で行き来できる通路はごくわずかである。千里地域の城壁都市間の交通は、高速道路の高架壁にトンネルを設けてその中を通るしかない。お互いの地区を隔絶する高架壁を通過できるのは、交通幹線の壁にあけられたトンネルにのみ通行が可能な地区間をつなぐ地方道路である。この道路の側帯にようやく歩道が取りつけられている。地区と地区を分断する交通幹線には、線としてお互いの地区住民が行き来できる歩行者帯はなく、それぞれの地区は交通幹線がつくる城壁によって孤立している。

分断された地区住民にとっての日常の交通はどうであろうか。日常の買い物、通期に通学動線は、地域を分断する国土幹線交通路にあけられたトンネルをくぐる地方道路のネットワークに依存している。それらのネットワークは、千里地域を走る私鉄、地下鉄、モノレールやＪＲなどの大阪大都市の

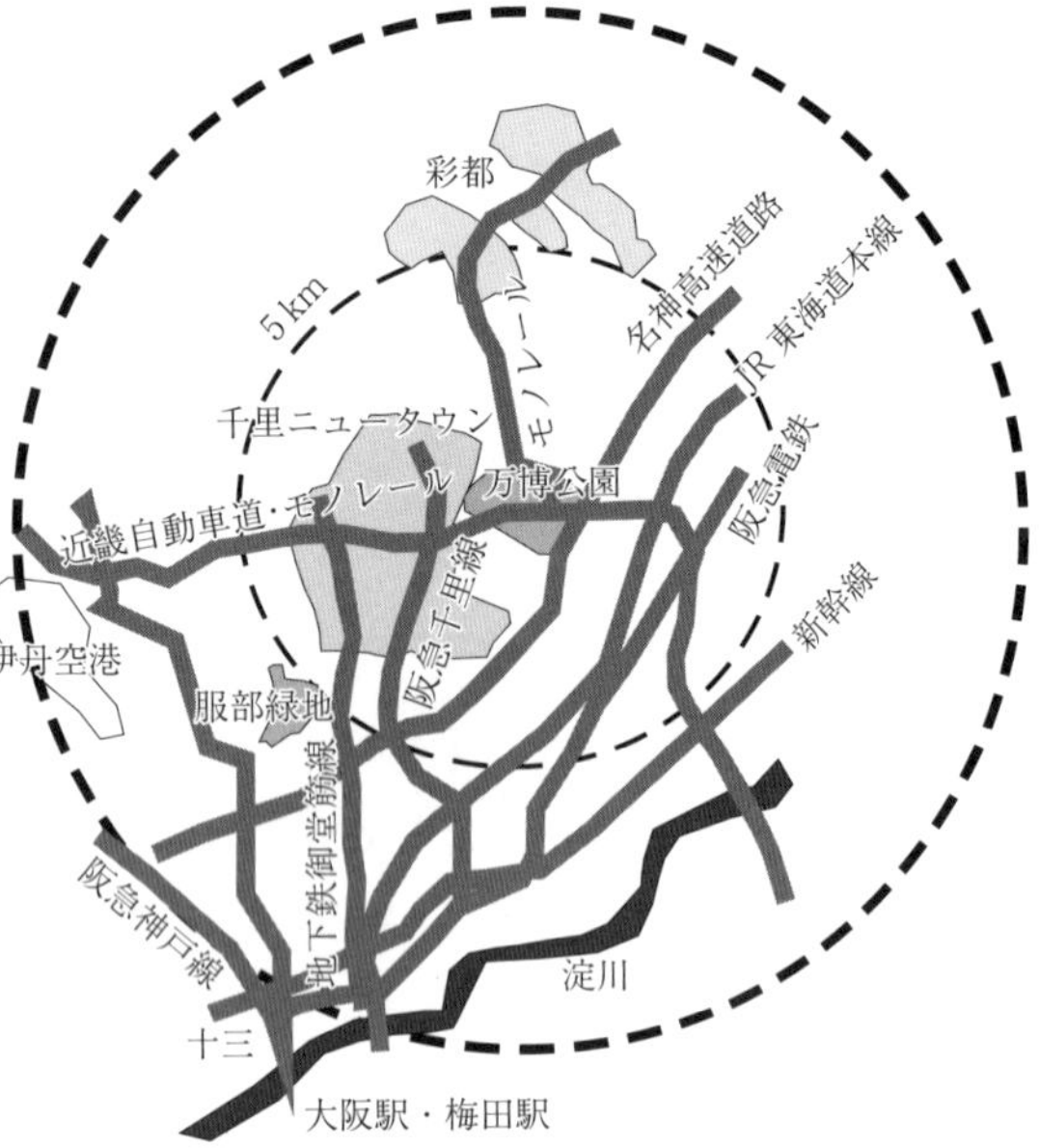

分断された地区

万博公園周辺地区は，東北から西南に至る国土幹線軸と，南北，東西の地方交通軸が交叉し，地域が分断され，交通軸によって囲まれた地域は，「孤立した城壁都市」になっている。

出典：筆者作成。

都心から放射状に延びる大量輸送機関の駅に集中している。このネットワークを利用する人々の乗り物は、自家用車、バス、荷物者、そして自転車である。このネットワーク路線には、それぞれの大量輸送機関の駅周辺の商店街の道を除いて歩行者の姿はほとんどない。駅に向かう人々の多くは大阪市への通勤者であり、千里地域の所帯主の働き手の多くは、これらの交通機関をつかって大阪都心部の事業所に通勤している。地域全体が大都市依存型の都市で、住宅地という単一機能街区が地域の主体になっている。

職住近接という田園都市の本来の理念を無視してつくられた千里ニュータウンは域外への通勤者が

多く、昼間人口は少なく、夜間人口が多くなる典型的なベッドタウンである。もう一つの問題は、短い期間で大規模なニュータウンができたことで、同じ世代の家族から人口が構成されて、五〇年以上が経過して、多くの世帯で高齢化して若者のいない町になっている。

2　巨大都市化がもたらした課題と展望

（1）大阪大都市圏というメガシティの誕生

千里地域の都市化は、大阪が大都市化していく都市化現象の一環である。千里ニュータウンのような住機能に特化した街区は、大都市化の中でどのような位置にあるのか。そのことは千里地域の未来をどう考えるかにおいても大きな課題をつきつける。大都市化によって失われてゆく自然の中で万博の森のように緑をふやしてゆけばよいというものではない。今枝は、万博跡地の裸地から森をつくるのは「大胆」な実験だといった。一方、三宅はその森を「滑稽」といっている（三宅、二〇〇五年、一八七頁）。

大阪万博では、当初の大阪府の期待とは異なり、会場跡地は今では緑豊かな万博記念公園となった。しかし、当時の時勢を反映し、それほどの批判にはならなかったが、もともとの丘陵を竹林をブルドーザーで大規模に造成して平板な万博会場を作り、その後また植栽を施して公園にするという手法は、今から見てもいかにも滑稽である。

未来の千里地域にとって万博の森は大胆な実験だったのか、あるいは滑稽な森だったのか。その答えは万博の森が大都市圏の中の住機能に特化した千里地域の未来をどう描くかにかかっていると筆者は考える。そのためには大阪の大都市化を見ておかねばならない。

大阪の大都市化はすでに一九四〇年から始まっていた。それは農村から都市への人口移動によって引き起こされた。戦後復興期の一九四〇年代、地方の多くの若い農村出身者が、大都市に向い、大都市の業務地や商業地などの市街地、臨海工業地区、内陸工業地などで居住し働いた。一九五〇年代になると、都市に腰を落ち着けはじめ、結婚し子供をつくった。いわゆる核家族の出現であった。都市の人口動態は、農村から都市への人口移動とともに、都市内での人口増加が加わった。都市で生まれた子供たちは、お盆や正月に両親の出身地の田舎を訪れるが、田舎での日常生活体験のない新しい大都市住民の誕生であった。人口移動は、一九四〇年代には地方→大都市市街地であったが、一九六〇年代には市街地・都心→郊外へと動きが変わった。大阪では、一九六二年、大阪の中心部で人口のドーナツ現象が現れた。大都市圏の中心部に位置する大阪市で初めて転出超過になった。大阪市の近郊に香里ニュータウンや千里ニュータウンなど、わが国初の大規模な住宅団地が完成した。一九七〇年代は都市が爆発的に巨大化したのである。

大阪大都市圏は二〇〇〇万人弱の人口をもつ。大阪市三〇〇万人が大都市圏の中心にあり、大阪府下の市町村の人口八〇〇万人に大阪都市圏を組み入れさらに隣接する市町村にその領域を拡大している。京都市を含む京都府南部地域、大津市、草津市など滋賀県南部地域、生駒山系を超えて生駒市、奈良市を含む奈良県北部地域、和歌山市を含む和歌山県北部・紀ノ川中流域地域、神戸市、尼崎市・芦屋市など阪神間諸都市、宝塚・伊丹市を含む兵庫県南東部地域などである。しかしここに列挙した都市及び地域は、大阪市を中心とする拡張した広域の通勤圏に一九六〇年代から組み込まれてしまった。それをここでは大都市圏という言葉で表している。実際、この大都市圏ができたことで、千里地域は、それまでの近郊農村が、ベッドタウンになった。筆者は大都市圏を、従来の一〇万人、あるいは一〇〇万人単位の都市とは内容も、機能も、規模も異なるまったく新しい都市の出現と捉える。なにしろ二〇〇〇万人もの人々が三〇〜四〇キロ圏の中に密集・集住している巨大都市なのだ。筆者は大都市圏をメガシティと呼ぶことにしている。

大阪万博は、このような大都市圏化が進行する真っただ中で、開催された。万博会場は、大阪郊外の千里丘陵で開発が終えていた二〇万人の千里ニュータウンに隣接したまだ竹やぶであった場所を伐り開いて建設された。こうして大阪万博は、千里地域をさらなる都市化、郊外化によって、大阪大都市圏に依存する地域にしてしまった。千里地域の都市再生を考えるならば、世界の都市発展の文脈でメガシティの動向やその成り立ちを理解しておかねばならない。メガシティの存在は、メガシティを成り立たせているそれぞれの地域に大きな影響を及ぼしているからだ。

ている。

（2）メガシティは一〇〇〇万人以上の都市人口を抱える広域都市化地域

二〇一三年に地球人口は七〇億人になり、都市居住人口はその五〇％にあたり三五億人にもなる。この三五億人の都市居住者の一〇〇〇万人以上の人口を抱えるメガシティの居住者が、急激に増加している。

メガシティの定義は様々ではあるが、国際連合の統計局の定義によると、人工建造物・居住区や人口密度が連続する都市化地域である都市的集積地域（urban agglomeration）の居住者が少なくとも一〇〇〇万人を超える都市部だとしている。大阪市、豊中市、吹田市といった行政区域の人口ではなく、都市的集積地域としての実質的な都市部がほかの区域にまでまたがって形成している。都市的集積地域には、二つの概念がある。一つは都市化地域で、人工建造物・居住区や人口密度が連続する都市化地域であり、アーバン・エリアと呼ばれている。もう一つは経済圏で、通勤・通学圏や雇用圏に代表され、メトロポリタン・エリアと呼ばれている。日本の国政調査では、前者に関しては人口密度一平方キロメートル当たり四〇〇〇人以上の地域からなる人口集中地区、後者に関しては一・五％通勤圏に基づく大都市圏が設定されている。

二〇一五年都市的地域の推定人口と面積によると、人口の最大は日本の東京―横浜で周辺八七都市の人口を含めて三七八四万人で人口密度は一平方キロメートル当たり四四〇〇人。二位がインドネシアのジャカルタで三〇五四万人。インド・デリーの二五〇〇万人、フィリピン・マニラの二四一二万人、韓国・ソウル―仁川の二三四八万人、中国上海の二三四二万人、パキスタン・カラチの二二一二万人、欧米のアメリカ・ニューヨークが九位で二〇六三万人、一一位がブラジル・サンパウロの二〇三七万、一二位のメキシコ・メキシコシティが二〇〇六万人と続く。一〇位の内の九ヶ国がアジア地域で、欧米は一ヶ国、二〇〇〇万人以上の都市は、アジアに集中しており、ヨーロッパには一ヶ所もない。

世界最大の都市圏である東京大都市圏は、ユーラシア大陸の東、太平洋の西の海洋に浮かぶ島国の日本であり、同じ島国としてはイギリスのロンドンの大都市圏は、一〇〇〇万人に満たない。ロンドンは、二〇世紀初頭までは世界のトップの人口を擁していたが、その後は巨大化していない。日本、アメリカ以外の地域での特徴は人口密度が高く、狭い地域に二〇〇〇万人を超える人口が集中して過密状態になっている。最も高密度なのがカラチの一平方キロメートル当たり二万六〇〇〇人、マニラ一万四八〇〇人、デリー一万一八〇〇人、ソウル一万四〇〇〇人となっている。東京首都圏の特徴は、名古屋大都市圏、一七二〇万人の大阪大都市圏がほぼ連続しさらに福岡都市圏にまで新幹線でつながった東海道山陽の帯状都市すなわちメガロポリスになり、日本人口の七割を収容する一億人都市として存在していることである。

（3）都市のプロシュマーの出現と巨大化メカニズム

都市のこのよう巨大化のメカニズムはなにか。そこにどのような法則が働いているのか。都市の巨大化を巡って多くの理論が出されてきた。メガシティがどうしてここまで大きくなり、その都市の巨大化のプロセスとその形態理論を見てみよう。

都市の概念は様々に定義される。人類は都市という器を発明しそこに居住あるいは定住する生活系を採用し始めたことによる生活様式あるいは社会形式である。都市の歴史は一万年もさかのぼる。それ以降都市は発展を遂げ巨大化の方向を辿ってきた。しかし都市が一〇〇〇万人もの規模にいたったのはここ数十年の歴史でしかない。一八世紀後半から始まる化石文明と工業化によってその構造がそれ以前の都市の形態ががらりと変わった。都市の巨大化を推し進めたのは次の二つの要因である。一つは産業革命によって工業を主体とした大量生産・大量消費のシステムによる工業都市が生まれたこと。ほかの一つは、都市内での工業生産を始めたことによる工業と関連する産業に膨大な労働者が都市に必要になったことである。しかし、その労働者は単なる労働に従事するだけではない。労働者は都市内で工業製品の生産、商品の流通にかかわるだけではなく、労働者が生産した工業製品の購入者になった。つまり労働者は自ら製品の製造従事者＝プロシュマーであり、その製品の消費者＝コンシュマーになった。都市内での大量のプロシュマーの出現が、都市の巨大化につながった。

膨大なプロシュマーの出現は、都市内の産業構造と都市の構造・形態を根本的に変え、都市をメガシティへと拡大させた。巨大都市化は、一般に中心部から周辺部へ都市的土地利用が拡大していく状態であり、そのプロセスで土地利用の用途が純化していく。メガシティは、単一機能を持つゾーン、例えば工場地区、郊外地区、業務地区、中心地区などといったように、単一の機能をもった地区がそれぞれ肥大化して結果的にメガシティという巨大な都市をつくりあげる構造になっている。大量に都市に出現したプロシュマーが、夜を過ごす住居、働く工業地帯、消費する商業地帯というように、メガシティ内は、それぞれ異なる土地利用に分化された。そして郊外という居住だけの都市が生まれた。分化しきれない工業と住居が混在する住工混合地区では、密集・集住で環境が悪化した。さらに工場から排出される煙や汚濁水が、住民を死に至らしめる事態になった。

(4) 田園都市は、大都市の外に建設された自律都市である

巨大都市化の特徴は、都市が放射環状型で拡張する慣性をもっていることにある。都市生態学者のアーネスト・W・バージェス（一八八六〜一九六六）は、一九二三年シカゴを調査して都市の地域構造を動的に捉える理論モデルを提示した。そしてそれを同心円地帯論と称し、都市の中心地域の拡大を誘発していくと説明した。都市地理学者ロバート・ディキンソン（一九〇五〜一九八一）の三地帯論（一九四七）は、ヨーロッパ諸都市の調査から得られた都市地域構造モデルである。土地利用に基づく都市化のプロセスは、都市的土地利用の中心部から周辺への同心円的・連続的な拡大と住宅団地などの飛び地的な都市化地域の形成過程と理解できる。

このような同心円状に拡大する巨大都市を改造することを目的として、巨大都市に居住するプロシュマーを大都市化の影響を受けない縁辺の地域に移住させ、大都市の過集積・周密を軽減化するために構想されたのが職住一体の自立した都市「田園都市」である。巨大化するロンドンの一〇〇万人の過剰人口の収容と衰微都市の産業育成を図り、四〇万人は既存都市の拡張によって収容し、四〇万

人を八つのニュータウン（新都市）の建設によって収容する計画であった。ニュータウンは職場、工場、農地を持つ三〜五万人居住の住宅地で、巨大化する大都市の矛盾の解決をめざした。田園都市にはロンドンからの鉄道駅が設けられていたが、田園都市の住民は、大都市ロンドンに通勤する必要がなかった。田園都市の中心は公園であった。

六〇〇〇エーカーの土地のうち、一〇〇〇エーカーを市街地、その中央に五・五エーカーの大公園を設置し、中心に市役所、劇場、病院などの公共施設が六本の放射状並木に区画され、中間地帯に住区、教会学校、外周地帯に鉄道が環状に敷設そこに面するように製造工場、倉庫、市場などが配置されている。市街地内に三万人、外周地帯のさらに外側の農業用地に二〇〇〇人が生活する小都市として表現されていた。さらに、この計画人口に達すると別の田園都市を次々に生みだし、人口五万八〇〇〇人の母都市から三〇〜五〇キロメートルの適当な距離を保って中心に放射状・環状の鉄道と道路で結ばれた都市群を形成し、総人口二五万人になるような都市群が計画されていた。実際には、ロンドンから約五四キロメートル離れた計画人口三万人のレッチワースの建設により、田園都市が実現された。

（5）日本に導入された田園都市は、都市ではない

田園都市構想は、二〇世紀になって巨大化する世界の共通のメガシティ化を救う近代都市計画思想として、世界の多くの都市で取り入れられた。二〇世紀中葉の大都市化の兆候をみせていた日本でも

大阪の千里ニュータウンと東京の田園調布で取り入れられた。しかし、日本に導入された田園都市は、イギリスのそれとはまるっきり異なっていた。千里ニュータウンは住宅機能単一の土地利用から成り立っており、大都市心依存型のベッドタウンであった。千里ニュータウンは都市ではなかった。同じようなベッドタウンの街は、東京でも建設された。東京の市街地のはずれにつくった田園調布である。田園調布は、東京都心から郊外に伸びてくる鉄道の駅舎から放射型にひろがった街の形状になっていた。明らかに都心への通勤が主体の住民が暮らす街であった。日本のニュータウンには働く場が設けられなかった。職住近接の都市ではなかった。大都市東京の都市化に飲み込まれ、大都市圏化を助長する都市政策に過ぎなかった。千里ニュータウンも田園調布も二〇世紀初頭の田園都市の理想を、大都市近郊の都心から鉄道で一時間にも満たない場所に建設した。職住近接、歩車分離の理想都市の実現ではなかった。千里ニュータウンでは、地下鉄御堂筋線の終点の駅である千里中央駅を中心に千里ニュータウンが開発され、住民のほとんどが、都心への通勤者であった。「ニュータウン」は明らかに、田園都市の理念を捨てて、住機能と緑地からなる住宅団地であった。

3　都市の中に、都市をつくる

（1）巨大都市化がうみだす集積の不利益

二〇世紀は世界のいたるところでメガシティが誕生し、都市の時代であると同時にメガシティの時代を築いた。メガシティは、膨大な人口を収容する器であり、人類も生物種という観点から見れば、人類はほかの生物に比較して繁殖に成功した。その繁殖を支えたのがメガシティである。

しかし、巨大都市の出現は、大量生産・大量消費、大量廃棄の物質循環を生む巨大装置系である。その装置系の中に、一〇〇〇万人以上の人間がひしめいて生活している。この大規模の物質循環が地球的規模での自然資本へのダメージをもたらし、大気汚染、水質汚濁などが環境への負荷が大きくしている。さらに大都市の日常の活動を維持するために、莫大な化石エネルギーを資源を消費することで地球温暖化を推しすすめている。それによる気候変動がもたらす異常気象が大都市を襲う。海面上昇、豪雨による洪水などが、土木工学で守ってきた堤防を簡単に破壊して、大都市は水面下に沈む。人為で起こした環境と地球への働きかけが巨大都市と都市住民に襲いかかってくる地球規模のブーメラン現象に、われわれ人類が陥っている。この人為によるブーメラン現象は、巨大都市化による人、モノ、カネ、情報、権力を集積することによって受ける利益に対して、集積の不利益が増大するという悪循環からきている。地球環境時代の巨大都市は、いまその「巨大さ」と「過集積」によって、人類の圧倒的多数が居住するメガシティの居住者を苦しめている。二一世紀は、この負の遺産をどう解消するか。巨大都市的定住形式が、人類に課せられた大きな問題としてのしかかってきた。このような中、都市の持続可能性を追求すべく都市再生が叫ばれている。人間の生活の場として都市を再生させるサステイナブル・シティ（持続可能な都市）という目標である。

(2) メガシティをサステイナブル・シティに

一九八七年「環境と開発に関する世界委員会」(ブルントラント委員会)による報告書「我々の共通の未来」は、持続可能な発展(サステイナブル・デヴェロップメント)を世界に向かって提起した。そこで、「持続可能な発展とは、将来世代が自らの必要性を損なうことなく、現代世代の必要性を満たすような発展を意味する」という持続可能な発展の定義がなされた。環境と成長、世代間の公平性と世代内の公平性、という二つの対立について両立可能性を探るというアプローチである。持続可能な発展という概念を具体的な地域政策へと展開させたのは、一九九二年のリオデジャネイロでの国連環境開発会議(リオ・サミット)において「アジェンダ21」が採択され、その中で短い一章が割かれた「ローカル・アジェンダ21」という提起がされた。サステイナブル・シティとは、持続可能な発展にとって都市はどのような存在であるべきか、都市自治体としてどのような具体的な行動計画をもつべきかを記している。サステイナブル・シティについては実際にどのような具体的な都市政策をするかについてはいろいろな議論がある。

植田和弘は都市再生に二つのことを掲げている(植田、二〇〇五年、vi頁)。

工業によって汚染された自然環境をよみがえらせると同時に、地域文化を再生させることが車の両輪になっている。つまり、自然環境の再生とともに、国民国家が成立する以前から地域社会が育んできた地域文化の復興を目指す。メガシティの再生を適正な規模と適正な集積を目指しために、メガシティ内でのこの二つの指標は重要な尺度である。

白石克孝は次のように述べている（白石、二〇〇五年、一八三頁）。

都市の環境負荷を低下させるためには、交通・運輸・廃棄物、エネルギー、温室効果ガス、資源利用、水循環、生物多様性、緑化など、様々な分野における有効な政策が必要であることはいうまでもない。しかしこれらの個別政策目標の達成の積み重ねで都市の持続性が獲得されると描くことはできない。そのためには、「市場の限界」を前提とした議論が必要である。

都市の環境負荷を低減し、環境にかかわる公共財すなわちコモンズを生みだすためには、持続可能な都市管理として、事業活動の市場の動きを変更・制限することが必要になる。負の遺産を生みだした工業都市の再生を自然再建で達成し、生みだした自然資源を公共財に転換することを求めている。

（3）自然・共同体・経済が一体化したサステイナブル・シティ

もう一つのメガシティ再生の提言は、都市のコンパクト化と空地の創出である。岡部明子は「都市を生かし続ける力」で次のように述べている（岡部、二〇〇五年、一六一頁）。

コンパクトシティとは高密度化・高度化を進め効率的な都市を目指すものではない。肝要なのは、ダイナミズムを内的に生み出し続ける都市的集積でなければならない。異なる主体が近接していて創造的関係性を自ずと生み出す（まちなか）の存在である。

コンパクトシティをつくるためには、人口の集積が必要となる。同じことは、アメリカの大都市の生と死を書いた都市学者のジェイコブスも指摘している。都市再生には、人口の集積がまず必要であり、高密度こそ都市の再生の鍵で、人口希薄な田園都市構想を嫌っている。都市に公園のような過疎空間は必要ないという論理である。ジェイン・ジェイコブスはル・コルビジェのパリ改造であるヴォワザン計画を、新たなる田園都市として非難している。ル・コルビジェは無意味な緑地を都心につくろうとしたからである。しかし、空地の見方を異なった方向から見ているのが大西隆である。大西は二〇五〇年の東京大都市圏の人口予測について、現在の八五％前後に減少し老齢者の比率は三二％にも達するとしている。このような人口の変化によって、大都市の中心部で空地がうみだされる可能性が生まれる。都市に空地が生まれることによって、都市構造も大きく影響を受ける。そして、この現象を「逆都市化」と呼んで次のように述べている（大西、二〇〇五年、二〇六頁）。

土地利用からみれば、土地あまり現象によって、自然的環境が都市内でも回復するが、同時に情報通信手段を駆使できる世代が高齢社会の中心になることによって、勤務先にとらわれない自由な居住地選択がおこなわれるようになる。そうなると東京圏の日常的な利用法も多様なものとなり、これまでのように振り子運動と表現されるような郊外から都市への通勤が主たる交通パターンという特徴が薄れ、東京圏は中心性を弱めていくことになる。

——東京圏中心部の限られた地域の多くの企業がひしめきあうことの必然性は薄らぐ。多様な居住スタイルが生まれるのである。

佐々木雅幸は、グローバル化時代の都市文化の再生と創造都市として創造都市を提言している（佐々木、二〇〇五年、一三九頁、一四二頁）。

創造都市とは「市民の活発な創造活動によって、先端的な芸術や豊かな生活文化を育み、革新的な産業を振興する『創造の場』に富んだ都市であり、温暖化などグローバルな環境問題を地域の草の根から持続的に解決する力に満ちた都市である。」

（中略）

今なぜ、「文化や創造性による都市再生」に大きな関心がもたれているかといえば、製造業を中心とした二〇世紀型経済から、知識情報経済という二一世紀型の経済社会への移行が明瞭になり、都市や地域の経済的エンジンが大規模工場から創造性あふれる企業や個人にシフトしてきたからである。日本よりいち早く製造業の衰退と空洞化に苦しんだ欧州において創造都市への取り組みが進んでいるのはこのような背景によるものである。

三者の都市再生の提言を集約すれば、メガシティの持続可能性の再生には、自然再建、コミュニティ再生、経済の再生が一体的に機能することを求めている。つまり、メガシティの中で自然と調和する経済活動が可能な共同体の再建である。それは、メガシティの中に新しい自律的な都市すなわちサステイナブル・シティをつくることを意味している。

（4）自然環境創造都市

白石克孝は、「サステイナブル・シティ」の中で、生態系と社会系を含めた二つの系としての都市のエコシステム論の原則に則った具体的な政策として次のように述べている（白石、二〇〇五年、一七〇頁）。

緑地等の空間割合を増やして種の多様性を高める。都市と郊外、農村との生態系のリンクを図るなどの政策にとどまらず、エネルギー、資源、廃棄物の循環を都市で完結させる、都市内の交通アクセスを備えることで都市環境の改善を進めるなど、多様な政策が提起されている。各都市がそれぞれひとつの社会的エコシステムとみなされることで、これら様々の政策は都市のエコシステムに位置づけが可能なように組み替えられ、持続可能性は都市政策を包括するより上位の概念となったと解することができる。

蓑原敬は、都市再生においてコンパクトシティ化（集約・修復型都市社会資本の再編成）と共に進めなければならない政策として、自動車中心ではない徒歩生活圏・総合交通政策、水と緑を身近にする政策の協調の提起に都市再生の方向を示唆して次のように述べている（蓑原、二〇〇五年、三七頁）。

都市における自動車の利用を抑制し、公共輸送サービスを拡大し、道路体系を歩行者に優しい仕組みに切り替える必要がある。

白石の都市のエコシステム、大西の逆都市化、蓑原の徒歩生活圏の再編成は、メガシティが持続可能性を付帯し再生する条件として自然の社会共同空間としての役割を提示している。

地球環境時代の都市は、地球的自然が許容する範囲でしか、その存在はあり得ない。都市は地球的自然から「生態的サービス」を享受している。この自然資源から都市への一方的で膨大なサービスの量は、地球自然を掘り崩し、劣化させ、破壊し尽くそうとしている。自ら墓穴を掘るブーメラン現象の中に人類の八〇％が都市人類である地球人類がいる。だとすれば、われわれがこの自己矛盾から脱し、人類の危機を救うためには、自然資源から都市へと流入する生態系からのサービス量を削減し、都市自ら生態系サービスをうみだす体質に変えていくことが求められる。それは、われわれが居住する都市を改造することである。その改造のめざす日標が、人と自然生態系が共棲する都市である。日常風景の中に、生物多様性のある生態系が息づいている都市。それが筆者が主張する「自然環境創造都市」である。その都市ではトンボ、メダカ、など野生の生物が都市に生育している。自然が都市と共棲している。日常の生活の場でのこの指標の存在こそ、都市の水質、大気、土壌が汚染されていないことを示し、地球温暖化の原因になる二酸化炭素を削減し、資源エネルギーの浪費を抑制し、廃棄物の再利用などリサイクル社会が根づいていることを示している。

4　サステイナブル・シティ・イン・メガシティ

(1)　梅棹が望んだもの――千里国際文化公園都市構想

メガシティをサステイナブル・シティに転換するための最も重要な課題は、都市規模の巨大さと過集積によってもたらされる不利益をいかに是正するかにある。メガシティのサステイナブル・シティへの転換は、都市の適正な規模と集積への挑戦である。人間でも肥満による体脂肪の過集積は健康な身体を損なう。では適正の基準をどこにするのかが問題になる。肥満の人が、体重を急激に落として痩せればいいというだけでは駄目である。適切な身体にするためには、肥満を解消する過程で、身体のそれぞれの部位が、健全な働きをするようにしなければならない。消化器系統、神経系統、血液系統などとともに、それぞれの器官に異常をきたさないようにする。メガシティもサイズを小さくすれば良いという問題ではない。メガシティを構成している様々なシステムを適切な規模と内容にする必要がある。メガシティ全体を支えている資源・エネルギー供給、生産、消費、廃棄、交通運輸などメガシティを舞台にくり拡げられている大量生産、大量消費、大量の廃棄の大規模物質循環系を、メガシティ全体として規模縮小するのではなく、メガシティのシステムを成り立たせている部位を適正な規模に集積し直すことによって、メガシティ全体を中、小規模の物質循環系に分節化し、地球規模の自然資本の枯渇と環境の劣化を阻止することである。そのためには、メガシティの中に新たに自然と調和する経済活動が可能な共同体である、自然環境創造と循環型の都市、すなわちサステイナブル・シティをいくつもつくることである。このメガシティの再建事業を、メガシティ大阪大都市圏の一角である千里地域で、如何につくるかである。しかし、自然再建と循環型社会を標榜するだけでは、その都市で生きる執着は生まれてこない。自然が破壊されてできた人工の都市に自然を呼び戻すのは、人工の都市を「故郷」と思うことができる文化の力である。地域の文化力とは、その都市で「生きがいのある」だけではなく、その都市で「死にがい」とでもいうべき思いをもてるかどうかの地域への執着性の尺度である。筆者はこのような思いを都市のアイデンティティと呼ぶ。都市のアイデンティティは住宅に特化しただけの街には生まれない。その街区に働く場所があって初めて、その都市に住む誇りが生まれる。大都市依存型の街区は、職住一体化によって、自立しうる。職を生み出す力は経済である。この経済を、国立民族博物館をつくった梅棹忠夫は、千里地域の新しい都市づくりとして文化の面から提言している（梅棹、一九七八年、二三二頁）。

（千里地域において）国際文化都市化をすゝめる。千里を中心として、北摂五市（高槻、茨木、吹田、箕面、豊中）がいっせいに国際文化都市宣言をやる。池田、摂津をくわえて七市でもいい。そして空地を全部公共団体で買うてしまうんです。そして国際的ないしは文化的プロジェクトにしかこの土地は売らない。（中略）巨大な国際文化都市に成る。それができるだけの基礎投資が、万博でできたということです。すでに道路網は完全にできている。住宅地がある。下水道、上水道も、学校も、みなできている。（中略）ここは、まず位置が素晴らしい。大阪府下ですけれども、京都、神戸に近い。関西の三都市がここで手を結びあうことができる。名神高速道路、中国縦貫道路、国道一七一号線、大阪中央環状線、新御堂筋線、それに新幹線、東海道本線、みんなここをとおって交差しているんですよ。こんな場所がありますか。国際空港もちかくにある。文化施設として国立国際美術館もある。国立循環器病センターがある。東京のがんセンターに対する医療機関。共同研究機関となっている。国立大学では大阪大学、私立大学では関西大学がある。

梅棹忠夫が構想した千里国際文化公園都市は、万博公園とその周辺に文化と科学の学術研究施設をさらに拡充して、国際的にも名の通る数百万人単位の文化創出型都市の建設である。梅棹の新都市建設の手法は、既存の市街地や住宅地によって都市化された既成都市を糾合することにある。梅棹は、科学と文化の集積による既成市街地の改造構想を打ち出した。この手法は、科学と技術の同じ系統の新都市では、筑波の田園地域を開発して建設された筑波研究学術都市や京阪奈丘陵を開発して建設された関西文化学術研究都市とまったく異なる。一九五〇～一九八〇年代にかけて都市化されていない「空白地」とされる農業地域に新都市をつくってきた。梅棹の手法は、高山英華に類似している。既成都市の外に広がる広大な未開発地にニュータウンを建設するのではなく、大都市圏の中の既成の市街地を前提に新都市をつくる。この手法は、いわば既成都市の大改造である。この大改造に筆者が提言した、自然再建と資源循環系を一体化させた新しい都市環境文化創造都市を、大都市圏の中で誕生させるのである。それは、この環境文化創造都市を万博公園を中核にして千里地域とその周辺にまで拡大して、大阪大都市圏内部につくることを意味している。

(2) サステイナブル・シティ・イン・メガシティ

梅棹忠夫が、構想した千里国際文化公園都市は、メガシティ・大都市大阪の中で文化創出力によって自律する文化創造都市である。万博公園を千里地域の自然再建の中核に位置づけることによって、千里地域は自然環境創造都市になる。それは、万博公園を核にした緑地帯が四方に広がっていく新しい都市構造が築かれることである。文化創造都市と環境創造都市を一体化した千里新都市を、筆者は「千里環境文化創造都市」と名づける。その都市は大都市圏の中の単一機能しかもたないニュータウンではなく、大阪都心に依存しない自律した都市を目指すものである。

大都市をどのように構造改革するのか。一九六〇年代の丹下やメタボリズムグループが行った自動車中心のモビリティ社会と情報中枢集中化による超高層建築群の集積を主体とした都市設計は、持続可能な都市の可能性を破壊する。二〇世紀中葉の都市建設は、丹下の東京湾の構想のように、更地の海上に自由に絵を描こうとした。ブラジルの首都ブラジリア、インドのシャンディガールなど、自然生態系の上に大胆な都市設計をした。しかし、このような、無垢の大地に自由に都市を建設する夢は、もはや二一世紀にはない。むしろ、膨張しきった巨大都市を、如何に地球サイズに制御するのかが問われている。つまり大都市の構造改革である。その大都市改革の手法は、大都市の中に新しい理念に基づく都市をつくることである。それは、大都市の再編成であり、新しい都市とは地球環境時代における環境都市である。

第十一章　二〇七〇年の万博公園の未来に向けて

1　城壁型公園から解放型セントラルパークへ

（1）地域と歩いてつながる万博公園を

千里環境文化創造都市の中核は万博公園でなければならない。つまり万博公園は新都市にとってのセントラルパークとして位置づけられる。万博公園の未来像は、新都市の未来とともに描かれねばならない。しかし、万博公園が誕生して半世紀を経ようとするとき、万博の森の運営に大きな変更があることがわかってきた。万博公園の管理が国から大阪府に移管されたのである。一九七〇年の万国博覧会が閉幕し、その跡地に生まれた二六〇ヘクタールに及ぶ万博公園の土地所有と公園維持管理は四五年を経過した二〇一五年、国が財務省所管の独立法人である日本万国博覧会記念機構から大阪府に移管された。国家の主導した大阪万博によって生まれ、四五年間にわたって維持されてきた万博公園の精神——すなわち「緑に包まれた文化公園」という理念と生物多様性の生態系のある回遊式風景庭園の風景デザインの精神は、万博記念公園が大阪府民のものになった今、さらに未来に向けてどのように維持され、継承されるのか。大きな転機に来ている。公園は明らかに地域住民のものである。公園が成熟していくためには、地域住民が、公園を愛し、その緑に包まれた文化施設とともに、地域文化を熟成させていく過程がなければならない。その意味では公園の管理を大阪府が担うのは当然である。日本で開催された万博のうち、沖縄国際海洋博覧会（一九七五〜七六）の跡地をのぞいて、つくば万博（一九八五年、国際科学技術博覧会）や愛知万博（二〇〇五年、日本国際博覧会／愛・地球博）などの跡地は公園になり、いずれも自治体が整備し維持管理している。万博の森は、厳重な垣根（自動車道路）の壁で周囲から閉ざされ、その中ですくすく育ってきた。万博の森が、大阪万博によって生み落された特別な存在であるという共通認識からであった。この特別な公園が大阪府に移管されると今まで国によって保護されてきた万博公園が、千里地域の人々とどのようにかかわっていくかが問われることになる。

万国博公園の基本計画書で、周辺地域から孤立した万博公園について記されている（高山他、一九七二年、一五－一六頁）。

〈周辺との関係〉

三　敷地の東側は名神高速道路を隔てて吹田・茨木の市街地が広がり、西側は高さ一〇メートル程度の崖を隔てて千里ニュータウンが広がっている。北と南は自然のままの丘陵が残り、この中に住宅地がスプロールしつつある。また西北部には万国博会場の一部を含めた大阪大学の敷地が

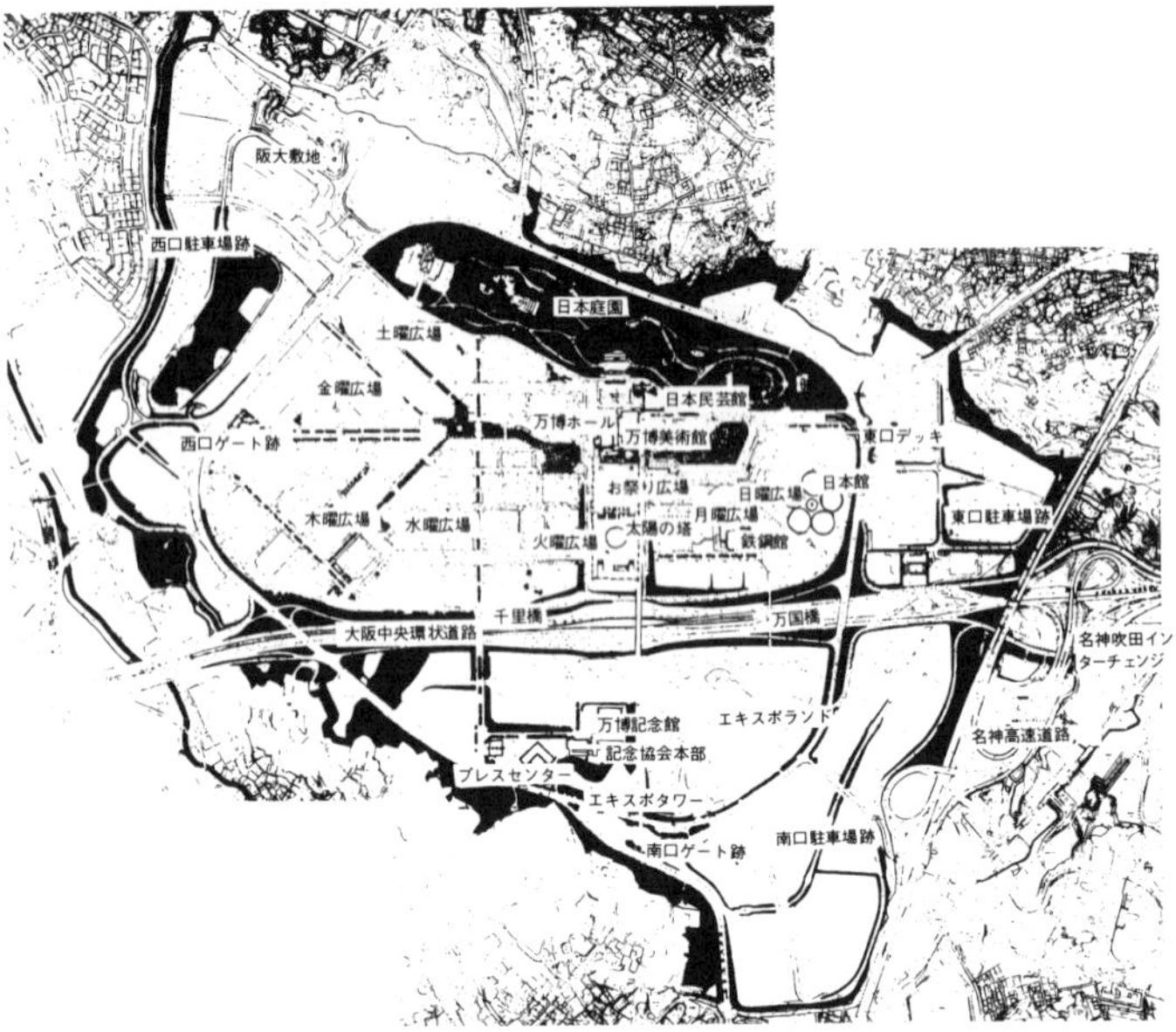

基本計画書の図面

高速自動車専用道に囲まれ，城壁公園のようになっている。

出典：高山英華＋都市計画設計研究所（1972：15）。

接している。総じて周辺と敷地との連続性は弱く、地域に対して孤立していると言えよう。周辺地域との密接な関連づけが一つの課題である。

四　さらに広い範囲について見るならば（中略）周辺には服部緑地、茨木カントリークラブ、箕面公園などの広域対象利用の緑地が分布しており、記念公園敷地や周囲の未利用の丘陵を加えて大阪北部地域の緑地帯を構成している。

万博公園は、周辺から孤立した状態のまま二〇一五年、国から大阪府に移管された。大阪府が管理者になると、万博公園と千里地域の間に新たな問題がうかびあがる。万博公園は、日本国家の行事として千里の地で開催され、その跡地利用として国が管理する「緑に包まれた文化公園」となり、生物多様性のある生態系の公園すなわち万博の森が国営の土地でよみがえってきた。万博公園は国による管理の間は、周囲は専用自動車道に取り巻かれ厳重に外世界から隔絶して守られてきた。しかし、大阪府が管理主体になると、大阪府民の公園さらに千里地域住民の公園といった地域とのつながりが配慮されねばならなくなる。まずは可能な限り、外世界と分け隔てる垣根を取り払い、人々が日常的に自由に出入りできる大規模公園にすることである。

(2) 城壁型公園から解放型セントラルパークへ

万博公園の現状は、周囲を自動車道という掘割に囲まれた城壁公園である。現在の万博公園に入場するには城郭の水のない掘割の底のような形状をした自動車専用道にかけられた数本のごく限られた人道橋を渡るしかない。万博公園を日常的に解放するということは、外世界をつくる掘割上の自動車専用道に蓋をして周囲から歩いてどこからでも入場できるようにすることが、地域とのつながりを強める第一歩である。大規模公園で人々に使われやすい事例として、アメリカのニューヨークのセントラルパークがある。市街地に囲まれ、徒歩で自由に、二四時間出入りできる日常の生活の場と時間で利用されている。万博公園も、日常の生活の舞台へとその形態を変えていかねばならない。孤立した非日常の舞台から解放された日常の舞台への転換である。アメリカ・ニューヨークのセントラルパークと城壁公園化した万博公園の共通点は、市街地に囲まれた大規模公園であることだ。しかし、決定的に異なるのは、セントラルパークが、市街地に接していて、二四時間いつでもだれでも自由に数多くの出入り口から出入りができるのに反して、万博公園は、周囲を外周道路に囲まれてまるで城壁のように守られ、出入りが許されるのは朝の九時から夕刻だけである。しかも入場料が必要である。さらに週一回の休日がある。セントラルパークが年間一二〇〇万人の利用者がいる一方、万博公園は、二〇二五年度実績で年間四〇一万人（自然文化園一八〇万人）と少ないが、開場の時間、入場料の有無、接近性の水準の違いから見れば、万博公園は隔絶された中でも十分利用されているといってもよい。城壁公園から開放型セントラルパークに整備されれば一〇〇〇万人の利用は不可能ではない。

（3）公園と街をつなぐリージェントパークとリージェントストリート

万博公園が千里地域に緊密なつながりを得る格好のお手本がイギリスのロンドンでのリージェントパークである。一九世紀初頭のロンドンでは都市人口の増大に伴う住宅の過密化、工場と混在することによる空気汚染、不健康な労働条件など都市問題が噴出していた。このため一八三三年から一〇年間に公的資金や税金による上下水道システムとともに多くの公共公園が建設された。またハイドパークやリージェントパークなどの王室所有のパークが公共に開放された。総面積二〇〇ヘクタールのリージェントパークは、北側にはバーミンガムからロンドンのテムズ川までリージェンツ運河でつながっている。この運河を行きかう水上バスで動物園などほかの観光施設にリージェントパークからアプローチできる。

公園の周辺にテラス式住宅群が建設されたが、その中央に大通りが設けられその先はロンドン中心部を南北約二キロメートルにわたって走るリージェントストリートの大通りにつなげられている。リージェントパークと大通りは一体的に開発された都市計画上の一大改造事業であった。リージェントパークからスタートするリージェントストリートはロンドン中心部、ザ・マルからピカデリーサーカスとオックスフォードサーカスを経て、アルソウルス教会までをつなぐ、弧を描く美しい曲線が特徴の大通りである。こうして、大公園と大通りは、ロンドンの都市形成において代表的な都市軸となり、都市の骨格を担うようになった。リージェントストリートは大規模な都市計画の先駆で、ジョルジュ・オスマンによるパリ改造にも影響を与えた。

リージェント・パーク（1834年）

リージェント・パークは，ロンドンの目抜き通りであるポートランド・プレースからリージェント・ストリート，トラファルガー・スクエアの開発とともに作られた市街地開発によって生まれた。

出典：石川（2006：23）。

高速道路という城壁に囲まれて孤立した万博の森は、都市化された周囲の市街地の人々が、どこからでも歩いて出入りできる開放された公園でありたい。そのためには、城壁をなくし、リージェントパークとリージェントストリートのように、万博の森から大通りが、何本も周囲の市街地に向かって突き出てゆくことだ。そしてその大通りは、生物多様のある生態系の緑の帯を伴っている歩行者専用道路であって欲しい。この道路は必ずしも大通りでなくてもよい。その道は周辺にまだ残っている緑や人工化された河川やため池をつなぎ、千里地域全域に、生物多様性のある生態系のネットワークをつくる緑の回廊になるのである。

（4）ヒトデ型ペデストリアン・グリーン・ネットワーク

万博公園から四方八方に広がる生物多様性のある生態系のネットワークは、触手を四方に広げるヒトデの姿に似ている。このヒトデに似た水と緑の自然空間は、歩行者の道として使われ、人々は散策することで、風景として楽しむ道になる。これを筆者は、千里地域全体に張り巡らされたペデストリアン・グリーン・ネットワーク（＝歩行者のための緑の回廊）と呼ぶことにする。城壁公園の万博公園を周囲の市街地に開かれたヒトデ型のセントラルパークに改造していく。ヒトデの触手は、周囲にある大きな緑の拠点である服部緑地などと万博公園とを結んで、千里地域全体に四方八方に伸びてゆくことになる。このとき生物多様性のある生態系は、万博の森の中に孤立した希少生物種の避難地としてのみの存在にとどまらず、千里地域全体に拡がってゆく。こうして万博の森とそこから延びる水と緑の生態系回廊はヒトデ型セントラルパークとして、千里環境文化創造都市の緑の骨格の部分を担うことができる。この水と緑のネットワークは、人間と自然との共棲の関係が大都市圏内で構造化されたことを意味している。これで万博の森は、開発や自然破壊の免罪符ではなく、千里地域の未来を築く二つの方向を示唆することになる。
①万博公園を核にした新都市。
②自然環境文化創造都市。
都市の広範囲にわたってペデストリアン・グリーン・ネットワークを張り巡らせるのは都市の自然回復と同時に、そのネットワークによって、都市をサステイナブル・シティへと転換する大きな都市計画上の手法となる。それは歩くという都市内の人間の移動行動と、自然回復とを結びつける回廊を、自動車交通路に代わって都市のインフラストラクチュアにする自然環境文化創造都市である。

2　万博公園を核にした千里環境文化創造都市をつくる

（1）公園を核にした田園都市

城壁型公園からヒトデ型セントラルパーク化によって、万博公園は、都市の「セントラル＝中央」という名の通り、千里地域の中心的位置に立地することになる。公園が都市の中央に位置するのは、イギリスの田園都市と同じ。田園都市は公園を中心として日常生活が動いている都市である。公園は子供の遊び場であり老若男女が戸外で散策、遊び、スポーツに興じる。大きい公園ではスケートリンク、テニスコートや動物園、植物園がある。博物館や図書館などの文化施設もある。屋外のレクリ

千里環境文化創造都市

万博公園＝地球の庭を核としたヒトデ型セントラルパークを中核としたペデストリアンネットワークは，幹線交通による城壁を解き放ち「孤立した城壁都市」（本書226頁図）を救う。

出典：筆者作成。

エーション活動だけでなく、高度な文化施設が加わると、公園は情報、文化活動の中枢機能を付帯するようになる。公園が都市の中央部を占め、文化情報の中枢機能を備えることは、公園が都市のセンターの位置と機能を担う可能性をもつことになる。

　万博公園をヒトデ型セントラルパークにするためのモデルは都市生活と農村生活の二者択一ではなく、農村のすべての美しさと楽しさが都市と融合したイギリス・ロンドンの外縁地帯に建設された田園都市レッチワースにある。この田園都市では、都市の中心に五・五エーカーの広場状の花園があり、これから放射状に六本の並木途が伸びていて、街を六つの区に分けている。ヒトデ型セントラル・パークである。図に示されている区はコロンブス通とニュートン通という二本の放射並木によって隣りの区と分けられている。中心の花園に面して公会堂があり、公会堂の外側に中央公園がある。環状道路は中心に近いものから、五・四・三・二・一番通となっていて、四番通と三番通のあいだには「壮大な並木道」といわれる環状の帯があり、小学校と教会が配置されている。一番通の外端には、石炭・石材・材木の集積場、家具工場、衣料工場、印刷工場、製靴工場、自転車工場、ジャム工場が見え田園都市が、千里ニュータウンのような住のみの街ではなく、職と住の一体化した都市であることを示している。これらの工場、倉庫には環状鉄道からの引き込み線が入っている。環状鉄道に外側は配分地と搾乳農場である。鉄道駅は環状鉄道がコロンブス通に交わるところにある。鉄道駅が都市の中心ではなく、公園が中心に配置されている。現代の巨大都市とまるっきり反対の都市構造をしており、ヒトデ型セントラルパークによる環境文化創造都市の原型とみなすことができる。

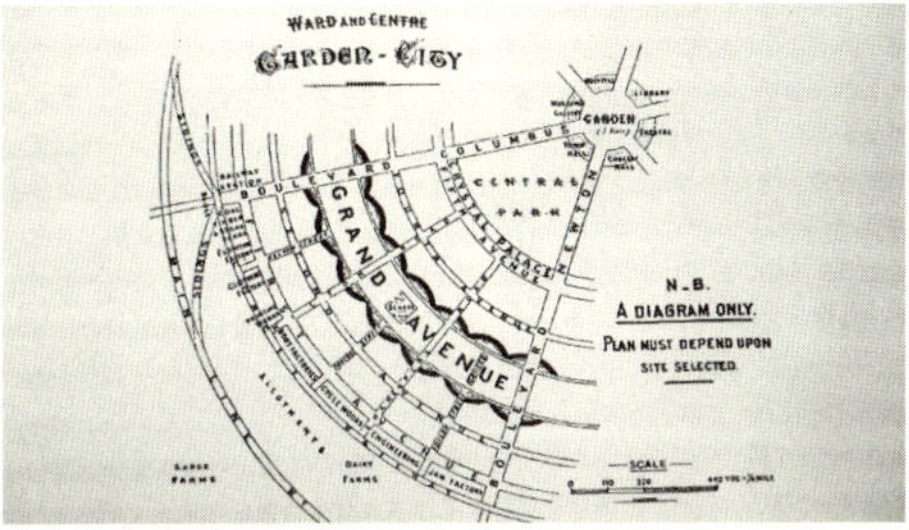

田園都市レッチワースのダイアグラム（地域制）
出典：小嶋（2008：36）。

　田園都市レッチワースと同時期に建設されたハムステッド・ガーデン・サバーブでも両者の配置は同じである。

(2) 万博公園は、環境文化創造都市の都市センターになりうる

一般的に都市の中枢管理機能を有するのは、市役所や商工会議所、業務オフィス、銀行などの建築物である。公園のように「オープンスペース＝空地」が都市の中枢機能をもつことはあり得ない。しかし、都市の中央に位置する「広場」は、都市の重要な公共建築群に囲まれたシンボルの空間になり、パレード、お祭り、市場など人々の交流の場になる。広場と同じように、中枢管理機能を付帯する文化・情報施設を敷地内にもつ大規模公園も、その文化的施設群の集合性によって、都市の精神的紐帯になる。都市住民を結束するキズナになるのだ。

万博の森をコアにして、千里地域に緑の回廊を張り巡らし環境文化創造都市へと改造する手法は、これまでの都市計画とは異なる。大阪万博跡地は都市センターになるものと期待されていたが、都市センターは、行政の中枢機能や企業の業務や商業機能の集積とそこに人・モノ・情報・財が流通し、主要交通運輸が行き交う場所として成立するものである。大都市では巨大なターミナルが都市センターである。しかし、そのような都市センターが都市を巨大化し膨張させる中枢基地であった。都市の巨大化・膨張化の中枢基地である都市センターが万博跡地に建設されることが否定され、万博公園が出現したことは、従来の巨大化・膨張化の都市センターとは異なる都市センターを万博公園に託したものと考えるべきだ。なぜならば、万博跡地は都市センターとしてのポテンシャルが大きい場所性を備えていたからである。仮に万博公園が都市センターになりうるとすれば、万博公園から触手を伸ばす緑の回廊ネットワークは、環境文化創造都市の骨格になる。従来の都市骨格は、交通幹線の構造

から都市の形状が決められてきた。しかし、その常識を破り、緑と文化創造の拠点と回廊が都市の骨組みになる。つまり緑につつまれた文化公園である万博公園を核にしてそこから四方八方に延びる緑の回廊が、地球環境時代の環境文化創造都市のインフラストラクチュアになるのである。

(3) 幻の都市センターから未来の都市センターへ

こうして万博公園が触手を広げてヒトデ型セントラルパークになることによって、万博公園が都市センターになる可能性が浮上してくる。しかし、万博公園はその誕生の経過をみる限り、都市センターの否定によって存在してきた。丹下健三の都市センター構想は、高山英華の「緑に包まれた文化公園」によって「幻」になった。今さら、万博公園を都市センターにつくり変えようとするのは、跡地利用懇談会の意向を裏切るものである。跡地利用懇談会は明らかに、千里地域での都市のこれ以上の膨張とそれによる負の遺産の拡大をストップさせるべく都市センター案を否定し、「緑に包まれた文化公園」に決定したからである。しかし、懇談会は、万国博覧会跡地利用の基本方向について次のようにも述べている（記録③、一九七二年、三六七頁）。

万国博の跡地は、貴重な国民的財産であり、その立地条件においても、大阪、京都、神戸という大都市に近接する交通の要衝として、今後、近畿圏の中心になりうる可能性を持つのみならず、日本全体からみれば東海道メガロポリスと瀬戸内メガロポリスの接点として、将来にわたって大都市整備構想における一つの拠点としての意味を有している。（中略）また、国際社会におけるわが国の地位の向上や国際交流の活発化に伴い、将来、日本において大規模な国際的、国家的行事がしばしば催される可能性が強いが、万国博跡地をこのさい一括して保有しておくことにより、その候補地として検討しうる余地を残すことにもなる。

この文章からは、跡地利用懇談会において、万博公園にさらに国際交流などの拠点を置くということは、万博公園が都市センターとして成立すべきだという意思があったことを意味している。跡地利用において都市センターが公園化によって否定されたからといって、万国博跡地の貴重な都市用地が、都市センターとしてのポテンシャルが消えたことにはならない。万博記念公園が、都市センターの潜在的なポテンシャルをもつ地にある以上、万博公園は、依然として都市センターになる遺伝子をもっていたことになる。

（4）万博公園は地球の庭

では、次に問題になるのが、千里環境文化創造都市の中心になる都市センターとしての中心性すなわち、新都市へのアイデンティティである。すでに、千里環境文化創造都市は既存の都市の改造・統合によって成立する新しい都市形成であるといった。そしてその新都市は二つの新たな都市結束によって生まれる。その第一の結束は科学と文化の中枢機能の集積による都市集積をつくることである。

つまり、大阪大都市圏に依存しない自立した千里環境文化創造都市の中枢管理を担う行政や科学と文化の中枢機能に関連する企業の研究開発施設群の立地である。それらに商業施設が建てられ、賑わいをみせる。

第二の結束は生物多様性のある生態系のペデストリアン・グリーン・ネットワークをつくり出すことである。この二つの都市結束によって新都市の中心が、地球環境時代における「人間と自然の共棲」のシンボル的意味と場所性を備えることになる。そのとき千里環境文化創造都市の都市センターは、「緑に包まれた文化公園」の理念を掲げる万博公園をもつことになる。このとき、「緑に包まれた文化公園」としての万博公園の理念は、人と自然の共棲と同時に、人と自然生命と「地球」との共棲と読みとることができる。万博公園を「地球」の表象であるとする根拠を筆者は三つ挙げる。

①太陽の塔：宇宙とその「生命」の誕生

②国立民族学博物館による多様な文化の共存世界：「平和」な人間社会の追求

③生物多様性のある回遊式風景庭園（公園）：自然と人類の「共棲」的世界のために

生命、平和、共棲の三つの事象は、まさにわれわれ人類が生きていこうとする「地球」の存在を、われわれ人類に教えてくれる基本的要素なのだ。宇宙がなければ地球は存在しない。宇宙が生命を紡いできた。そして人類が生命の進化の長い旅路の中から誕生した。そして、人類社会に平和が実現されなければ、宇宙も生命も、そして共棲の世界さえも存在しないのだ。生命、平和、共棲を内包した、緑に包まれた文化公園は、まさしく工業化、都市化がもたらす地球温暖化、自然破壊、貧困、格差、戦争の悪夢の負の遺産を「調和」に導くコモンズ（公共）の庭でなければならない。地球規模にまでなった文明にとって、人類が地球に生きつづけるためには、今こそ、「地球の存在」がわれわれ人類にとってのコモンズに位置することが必要である。生命を表す太陽の塔と人類の文化に接触できる博物館をもつ生物多様性のある回遊式風景庭園（公園）は、そのとき「地球の庭」になる。そして千里新都の楽園にふさわしい場所性を獲得する。来るべき地球環境時代の新都市の都市センターのシンボルとしての中心を占めるのは、「地球の庭」である。この地球の庭に、行政・業務の中枢機能と商業ゾーンが一体化して千里環境文化創造都市の都市センターを形づくる。

3　新都市の装い

（1）アメリカの首都ワシントンのモール

万博公園が千里環境文化創造都市の都市センターとして具体的に姿を現すためには、都市的形態と装いが必要になる。都市的装いは都市センターとしての品格ある風景デザインとして人々の前に視覚的構図として現れる。例えば市役所や商工会議所などの公共建築群が取り囲む広場の風景に相当するものである。環境文化創造都市としての千里一〇〇万人都市の広場は、中世ヨーロッパの数万人の都市の広場のような小さな規模では十分ではない。また、建築物と広場という人工的装置の広場ではなく、緑陰やベンチ、水辺がある広い空地が望ましい。都市センターのそういったしつらえや装いに近い街路型広場として、アメリカの都市に発達したモールがある。街路が主軸になるモールは芝生や街路樹のある緑陰の長方形の形態からなるフォーマルな装いをつくりあげる。それがアメリカの首都ワシントンにあるモールすなわち都市の緑の軸線である。その軸線とは公園が都市の中心であることを風景で表すヴィスタすなわち見通しである。

ワシントンのモールの規模は、アメリカ合衆国議会議事堂からリンカーン記念館まで約三・〇四キロメートル（一・九マイル）、議会議事堂からワシントン記念塔まで約一・七六キロメートル（一・一マイル）、モール全体としてはグラント記念像からリンカーン記念館まで三〇九・一七エーカー（一二九ヘクタール）あり、万博の森と日本庭園を合わせた面積一一〇ヘクタールとほぼ同じ規模の緑地である。さらに興味深いのは、ナショナル・モールはアメリ大統領府のホワイトハウスにある緑地軸と交差して十字型の形状をしている。この十字型は、万博公園では、万博公園を東西人工地盤がワシントンのナショナル・モールに相当する。この東西のモールは、太陽の塔のある現在の南北の大広場と直交して、十字型のモールになる。この構図は、十字型のホワイトハウスのモールと重なる。つまり、太陽の塔はアメリカ大統領が居住するホワイトハウスと同じ位置になる。ナショナル・モールのもう一つの重要な装いは、国立公園であるということだ。国立公園でありながら、ワシントンD.C.の中心部にある都市センターである。モール地区とも呼ばれている。

ナショナル・モール一帯は、複数のスミソニアン博物館群と、国有の美術館や記念館に沿って庭園と緑地が広がる場所であり、最も人気のある観光地の一つとして知られている。ナショナル・モール

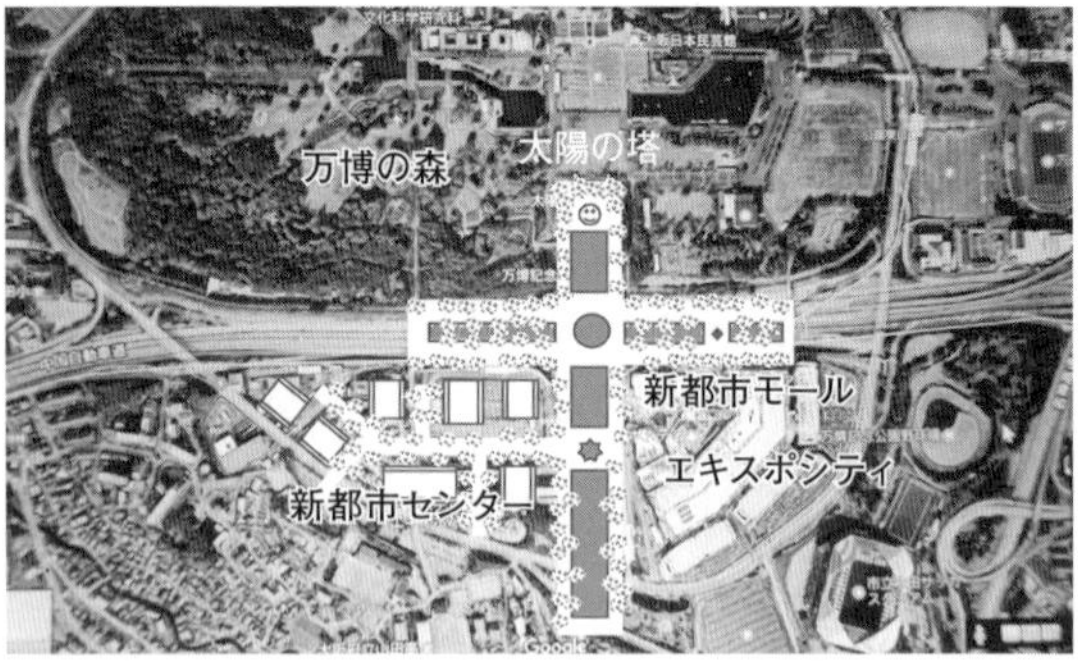

万博公園を千里環境文化創造都市のコアにする－モール構想

万博の森の南の高速自動車専用道に蓋をし，その上に巾140メートル，長さ1.4キロメートルのモールをつくる。
掘割の中国自動車道によって南北に分割された万博公園を，十字のモールで一体化する。

出典：Google.　http://www.google.co.jp/maps/@34.8079264,135.53149,1474m/data=!3m1!1e3

十字型のワシントンのナショナル・モール

出典：Google.　http://www.google.co.jp/maps/@38.8918805,-77.031361,2784m/data=!3m1!1e3

は、ワシントン記念塔から議会議事堂までまっすぐに東へ伸びている。大規模な集会や行進を含む多くの抗議やデモが頻繁に行われる場所でもあり、毎年七月四日の独立記念日には、議事堂主催の記念式典が催され、花火が打ち上げられる。モールは首都の中核を担う最も広々とした公共の場所であることから、様々な形態の抗議活動や集会を行う格好の場所にもなっている。その場所が国立公園の中にあるのだ。生物多様性のある生態系をもつ万博公園も国立公園になればよい。

（2）高速道路に蓋をして、モールをつくる

しかし、現在の万博記念公園にはワシントンのモールのように広大なモールをつくる新たな土地はない。モールは、つくりだすしかない。万博公園にはモールをつくりだすのに格好の場所がある。先に述べたようにその場所は現在中央環状線や中国道が走っている高速自動車専用道路の敷地である。この道路は、万博記念公園を南北に二分する掘割になっている。二分された万博記念公園は、三本の狭い橋でつながれていて、実際に一般の訪問客に開放されているのは中央の橋だけである。橋を渡るときには、真下に轟音を発して昼夜行き来する自動車が見える。排気ガスが橋にまで巻き上げられており、さらに夏は日照りで路面は焼きついている。このような状況の長さ一五〇メートルの橋を渡るのは不快である。万博記念公園への主要な歩道としては最悪のアプローチである。しかも、太陽の塔は橋を渡って正面にはない。大型の公園の入り口としてのデザインは配慮されていない。

（3）地球の庭を、自律した環境文化創造都市のコアに

万博記念公園を分断している長さは約一・四キロメートル、幅一四〇メートルの東西の高速道路の掘割に蓋をしてその上をモールにすればよい。人工地盤をつくりだすのである。そうすれば、高速道路は見えなくなり、排気ガスも上がってこない。さらに人工地盤は、分断されていた南北の土地をつなぎ、一体的な万博記念公園ができあがる。公園の一体性が高まり、より魅力的になる条件が整う。蓋によって生まれた人工地盤に、アメリカの首都にあるナショナル・モール級のモールをつくる。

東西の高速道路の掘割に蓋をしてできる千里モールの主軸に対して、太陽の塔の南北の軸は、交差し、十字路状になる。この軸によって、太陽の塔は、万博の森を背景にして地球の庭のモニュメントになる。千里モールから万博の森、そしてさらにその向こうに北摂山系が横たわっている。千里環境文化創造都市の領域を表し、その都市センターに位置していることをこの風景が告げている。

千里環境文化創造都市の中核に、「地球の庭」が存在している。この風景は、大都市圏の中に、都市のシンボルを内包し、大都市に依存しない自立した新しい都市の出現を予感させる。新しい都市とは、自立した都市住民と自然が共棲する都市である。その中心に「地球の庭」がある。二一世紀末の地球環境時代の都市は、新都市のセンターに「地球の庭」がふさわしい。地球の庭を核にして、そこからヒトデ型ペデストリアン・グリーン・ベルトが伸びる都市構造は、すでに述べたイギリス・ロンドンの田園都市の精神と類似している。田園都市は、大都市では解決できなかった問題、田園と都市との結婚を、大都市ロンドンの外で成功させた。しかし筆者は、田園都市における公園を核にした都

市モデルを、大阪大都市圏の中で実現すべきだと考える。現代都市計画にはなかった万博公園をコアにした千里地域の共棲都市への改造は、大都市圏の中に共棲都市をつくることであった。このことによって、大都市圏そのものが、地球環境時代の都市に変革する契機になるのである。

（4）多心型大都市圏構想

地域の都市形成の中核として万博記念公園を位置づけ、万博の森を核とした新しい概念の都市センターをつくり、その都市核を中心に千里地域に大都市圏から自立した都市をつくる。

万博の森を都市化の免罪符から地球環境時代の新都市のコアへ。この試みは、世界的に進行している大都市圏化における都市地域の共棲的都市計画のモデルになる。万博公園を核とした千里地域の共棲都市を千里環境文化創造都市と呼び、その新都市は二一世紀後半の都市文明に対して大都市圏の中に、環境と文化創造を都市住民の結束とする新都市をつくるという大きな実験モデルになると考えられる。

4　多心型大都市圏構想

大都市圏が肥大化、膨張化し続けるのは住や工業の街区が単一機能をもち、都心の一極に依存する一極中心放射環状型都市構造で成り立っていると述べてきた。日本型のニュータウンは都市の大都市圏化の原因をつくってきたのである。また産業革命以来の工業都市化は、工場という工業生産街区を都市にもち込んだ。大きな港をもつ大都市には必ず臨海工業地帯が建設される。これも大都心依存型の地区である。

住宅地が主体で開発された千里地域を、万博公園を核とした緑の回廊計画で再生しようとする新しい都市構想は、一九〇〇年代のハワードが構想した職住一体、田園と都市の結婚を理想としてロンドンの外に建設した田園都市を、一〇〇年を経た現代の大都市圏すなわち一極集中放射環状型大都市圏の中に建設しようとするものである。

千里ニュータウンは住機能だけのベッドタウンであったために、大都市化、肥大化に手を貸したに過ぎなかった。田園都市の大都市圏への導入は失敗した。今、筆者が提案しようとしている田園都市の千里地域への導入は、自律した職住近接・共棲自然と都市の結婚である。共棲自然と都市の結婚とは、オリジナルの田園都市が田園と都市との結婚を二一世紀型の田園都市に翻訳したものである。一極集中放射環状型大都市圏である大阪大都市圏の中に田園都市をつくる手法は、二一世紀の地球環境時代に向けて、新しい理念に基づくメガシティをつくることを意味している。それは、大都市圏の一極集中放射環状型から多心型大都市構造への大転換である。この都市改造の理念は、田園都市が大都市圏の外での「田園と都市の結婚」に対して、自然環境創造都市は、大都市圏の中での「生物多様性のある生態系と都市との結婚」である。大都市圏の中にいくつもの自律した都市をつくることは多心型大都市圏をつくる動きに沿ったものである。東京オリンピック関連事業では、都心部に地下鉄を敷設し、ほとんど未整備であった東京都区部西半分の市街地に幹線道路を埋め込む、まさに東京の都市改造が実行された。これらの整備をもとに、都区部西半分は新しい山の手地域としての地位を確立させていく。また、新宿、渋谷周辺では都市基盤の充実が図られ、副都心として発展していく素地となった。のちに、東京都心部とそれを支える副都心からなる多心型都市構造の基礎が、このとき形づくられたといってよい。

大阪大都市圏の中には、五〇万～数百万人の既存の大都市がある。大阪市、京都市、神戸市、奈良市、和歌山市、大津市などの府県庁所在都市である。大阪市近辺には堺市、高槻市、尼崎市などがある。盆地型の地形の近畿圏では、すでに、多核多心型の、大阪大都市圏になっている。しかし、大阪市近郊の大規模宅地開発された中小都市は、大阪市依存型の都市に甘んじており、都市住民の都市への帰属性、アイデンティティは失われている。しかし、地球環境時代の今、都市の持続的発展のためには、新たな統合が求められる。それが千里地域を核にした環境と文化による千里文化環境創造都市構想である。万博公園のある豊中市、吹田市を中心に、伊丹市、摂津市、高槻市等が一体化した百万人都市の出現である。この規模によって、国際文化環境創造の拠点として世界に発信できる都市になる。すでに二〇世紀には京阪奈丘陵において関西学術研究都市が出現した。大都市圏の多核多心化の一貫である。

参考文献

「記録①」という本文表記については、『日本万国博覧会公式記録第1巻』日本万国博覧会記念協会、一九七二年。
「記録③」という本文表記については、『日本万国博覧会公式記録第3巻』日本万国博覧会記念協会、一九七二年。

池口小太郎『日本の万国博覧会——その意義・計画・効果』東洋経済新報社、一九六八年。
石川幹子『都市と緑地——新しい都市環境の創造に向けて』岩波書店、二〇〇六年。
ヴァン・ズイレン、ガブリエーレ／小林章夫監修、渡辺由貴訳『ヨーロッパ庭園物語』創元社、一九九九年。
植田和弘他編『岩波講座　都市の再生を考える』岩波書店、二〇〇五年。
　植田和弘「都市再生」『刊行にあたって』
　岡部明子「都市を生かし続ける力」『都市とは何か（第一巻）』
　大西隆「逆都市化時代の東京圏」『都市とは何か（第一巻）』
　蓑原敬「都市再生の理念と公共性の概念の再構築に向けて」『公共空間としての都市（第七巻）』
　佐々木雅幸「都市文化の再生と創造」『グローバル化時代の都市（第八巻）』
　白石克孝「サステイナブル・シティ」『グローバル化時代の都市（第八巻）』
梅棹忠夫編『民博誕生——館長対談』中央公論社、一九七八年。

梅棹忠夫／小長谷有紀編『梅棹忠夫の「人類の未来」――暗黒のかなたの光明』勉誠出版、二〇一二年。

岡本太郎『今日をひらく――太陽との対話』講談社、一九六七年。

川上光彦『都市計画』第二版、森北出版、二〇一二年。

環境事業計画研究所「万博記念公園・自然文化園地区基本設計書」日本万国博覧会記念協会、一九七二年。

京都大学万国博調査グループ『日本万国博覧会会場計画に関する基礎調査研究』一九六六年。

国雄行『博覧会の時代――明治政府の博覧会政策』岩田書院、二〇〇五年。

小嶋勝衛監修『都市の計画と設計』第二版、共立出版、二〇〇八年。

小長谷有紀編『梅棹忠夫の「人類の未来」――暗黒のかなたの光明』勉誠出版、二〇一二年。

佐藤信他編『詳説日本史研究』山川出版社、二〇〇八年。

ジェイコブズ、J．／黒川紀章訳『アメリカ大都市の死と生』鹿島出版会、一九七七年。

住田昌二、西山夘三記念すまい・まちづくり文庫編『西山夘三の住宅・都市論――その現代的検証』日本経済評論社、二〇〇七年。

片方信也「第3章　構想計画――空間の理論と予測」

中林浩「第4章　地域生活空間計画と景観計画論」

海道清信「第5章　大阪万博と西山卯三――会場計画とお祭り広場」

高山英華＋都市計画設計研究所『万国博覧会記念公園基本計画報告書〈計画編〉』日本万国博覧会記念協会、一九七二年。

丹下健三『建築と都市――デザインおぼえがき』復刻版、彰国社、一九七〇年。

日蘭学会法政蘭学研究会編『和蘭風説書集成（上・下）』吉川弘文館、一九七七～七九年。

日本経済新聞社編『万国博のすべて』日本経済新聞社、一九六六年。

芳賀徹『大君の使節――幕末日本人の西欧体験』中央公論社、一九六八年。

橋爪紳也『あったかもしれない日本――幻の都市建築史』紀伊国屋書店、二〇〇五年。

春山行夫『万国博』筑摩書房、一九六七年。

ハワード、E／長素連訳『明日の田園都市』鹿島出版会、一九六八年。

東英紀『高山英華――東京の都市計画家』鹿島出版会、二〇一〇年。

ピット、ジャン＝ロベール／木村尚三郎監訳『パリ歴史地図』東京書籍、二〇〇〇年。

姫ボタルの会「千里丘陵開発図」一九九五年。

平野繁臣『国際博覧会歴史事典』内山工房、一九九九年。

平野繁臣編著『大阪万博――二〇世紀が夢見た二一世紀』小学館クリエイティブ、二〇一四年。

福沢諭吉『福沢諭吉全集 第一巻』岩波書店、一九六九年。

槇文彦・神谷宏治編著『丹下健三を語る――初期から一九七〇年代までの軌跡』鹿島出版会、二〇一三年。

三宅博史「日本万国博覧会と大阪の都市構造」復旦大学日本研究センター第一五回国際シンポジウム『世界博覧会と大都市の発展』二〇〇五年十一月二六～二七日開催。

吉田光邦編『図説万国博覧会史――一八五一-一九四二』思文閣出版、一九八五年。

出水力「万国博と産業技術」（一〇五-一二二頁）

園田英弘「日本イメージの演出」（一四三-一五六頁）

井上章一「ファシズムと万国博」（一七五-一七六頁）

白幡洋三郎「幻の万国博」（一七六頁）

吉村元男「新しい日本庭園の創造」『PROCESS　ARCHITECTURE』一九一頁、一九九〇年。

吉村元男『森が都市を変える――野生のランドスケープデザイン』学芸出版社、二〇〇四年。

あとがき――都市の中に、森をつくるということ

本書を書きあげてみて、筆者が造園家としての半世紀にわたる人生のなかで、最も力を入れたテーマが「都市の中に、森をつくる」ことであったことに、つくづく思い至る。

筆者のこれまでの仕事は、設計事務所を立ち上げた一九六八年から事務所を退職する二〇〇一年までの三三年間で一二〇〇件にもなった。その中で、万博記念公園・自然文化園（万博の森）は、事務所設立後五年目に当たり、その設計で得た多くの経験と知見はその後の筆者の造園設計への大きな指針となった。とくに都市の中に森をつくるという仕事は、日本で初めての国際花と緑の博覧会場になる前大阪鶴見緑地の人工の山に植栽された「世界の森」、大阪梅田の新梅田シティにつくられた「中自然の森」の都市の森へと引き継がれていった。地価の高い市街地にあって、万博の森につづく人工の森を都市につくるという大胆な事業であった。

都市計画からみた万博の森の重大な意義は、反自然的人工環境の都市に永遠の森をつくったことにある。今日の巨大都市化は、農地をつぶし、丘陵地の生態系を破壊して都市圏を拡大する力をもつ。その拡大する力に対して、同心円的に拡大する大都市化の遠心力の中枢に、万博の森を据えることに

よって、都市の拡大の力を弱め、かつ大都市に自然と共棲させる力をもたせる。このとき、永遠の森をめざす万博の森は、建築物を建てさせない（パビリオンの撤去）ことによって生じる「空地」になる。空地は「中がほんがら＝中空」つまり周りの爆発し過熱するエネルギーを飲み込んで、正常な状態に戻す「無の力」を帯びた磁場になる。この「中空の思想」こそ、地球環境さえ変えてしまう狂乱の大都市化を鎮めるのだ。万博の森は、この反自然的都市化の真っただ中に一〇〇ヘクタールに及ぶ森と原っぱを裸地からつくることによって、中空の思想を反映したといえる。そしてもう一つ重要なことは、この中空の地である万博の森が万博会場という一日四〇万人が集散する仮設の都市を完全に消去した跡に誕生したことであった。

万博の森のように、都市の街区がまるごと消失し、その跡に広大な森が登場するのは、都市再生の新しいドラマによってである。大阪万博会場から森へ。これは一時的な舞台であったとはいえ、一種の都市の消失である。仮設の都市は一年もたたずに千里の地から消えた。都市が消え去る歴史は多い。しかし、その消失した都市の跡に森をつくることは、歴史上では、希有な事件である。

市街地の真ん中で街が消失して森ができた事例が筆者の居住している京都にある。それは京都御所と仙洞御所を取り囲んで樹林が広がる京都御苑である。前者は宮内庁が管轄し、後者は環境庁の国民公園として市民に公開されているレクリエーションの森と原っぱである。全体で約一〇〇ヘクタールあり、万博記念公園・自然文化園と同じ規模である。

筆者は万博の森の設計のときに、よく京都御苑の森と原っぱに通った。一〇〇ヘクタールの規模を歩いて確かめるためであった。また樹林地があり、広大な芝生と樹林が平地にひろがる風景は珍しく、われわれ日本人にとっては貴重な空間であったからだ。この立ち入ることができる平地にひろがる森と原っぱについては、京都御苑に学んだ。京都御苑は幼いときから私の散策の場であった。その場所は江戸時代の幕末まで天皇の住まいの御所と公家の館が軒を連ねていた住宅街であった。幕末の禁門の変で長州藩が御所を攻撃し、この街区は大砲が飛び交い戦場になった。多くの公家の館と京都の市街地の住居は破壊された。明治維新後、天皇が東京に移られ、残っていた公家の多くが天皇とともに東京へ移った。そして、公家の街区は消失し、荒涼となった市街地が残された。明治政府は、この消失した街区を、市民のレクリエーションに開放する国民公園にした。天皇の東京奠都という政治的ドラマによって京都の市街地のど真ん中に、ニューヨークのセントラルパークに比する大規模な森と原っぱが誕生したのである。そして、国民公園としての京都御苑は、いま京都市街地の中央の位置を占め、京都市民の結束のシンボルであり、建築物がない「中空の聖地」となっている。

万博の森も歴史のドラマによって誕生した。広大な住宅街・市街地に囲まれてしまった万博の森は、人工都市の中でシンボル性を高め、太陽の塔と共に「聖地」へと昇華するに違いない。

最後に本書を記す動機になったことにも触れておきたい。大阪万博が終了して半世紀にもなる。しかし、高度成長期に開催された大阪万博をなつかしむ声は強く、大阪万博で、日本が達成した工業力の成果を評価する評伝が今日でも多く出まわっている。学術書としても多くの分析がなされている。しかし、そのほとんどが、大阪万博の跡地がどうなったのかについて触れていない。ましてや、大阪万博を千里地域で開催したことが、大阪大都市圏に何をもたらし、大阪にどのような国際文化を定着させたのかについての評価は皆無である。筆者は、大阪万博へのこのような世間のまなざしに、はがゆい思いをしていた。大阪万博のテーマが進歩と調和であり、その調和を達成した大阪万博跡地の万博の森には全く触れられていなかった。ましてや、人類の生存にとって重要な問題になっている、地球温暖化と生物多様性の喪失に対する都市政策の観点からも、一九七〇年代に誕生した「生物多様性のある生態系」をテーマにした大規模公園の意味は、その誕生以来、今日までほとんど無視されつづけてきた。この筆者のこのいきどおりこそ、本書を記す動機になった。

最近、夢よもう一度ということで、大阪に万国博覧会を誘致する運動が始まった。大阪の臨海部の埋め立て地で開催するという。ある新聞社から電話で、万博跡地をどうすればよいかとの取材を受けた。筆者は、海の森をつくるべしと答えておいた。地球温暖化によって海水面が上昇し、津波や暴風雨によって世界の大都市臨海部の海抜ゼロメートル地帯は、壊滅的打撃を受ける。その備えは大阪府当局は充分ではない。いまこそ、万博跡地をどうするのかを考えておかねばならない。筆者は、一九七〇年が日本と世界の近代から現代への大きな転換期と捉え、その中で万博の森の誕生の意義を問いたかった。この思いを、ミネルヴァ書房の東寿浩さんとの出会いによってかなえられた。当初の本書の組み立ては、万博の森に重点を置いていたが、一二〇年の歴史のドラマに組み替えていただいたのが東さんであった。このことによって、万国博覧会を巡る工業文明から生物多様性のある生態系を抱擁する文明への転換にある万博の森の意義を明らかにすることができた。東さんにおおいに感謝する次第である。

長きにわたる万博の森の設計から管理に至るまでに多くの皆様にご支援いただいた。「万博記念公園・自然文化園地区基本設計研究委員会」の委員長として、高橋理喜男大阪府立大学教授（造園学）。委員として、朝日稔武庫川女子大学教授（動物生態学）、伊佐義朗京都市顧問（樹木学）、岡本堤明大阪府立大学助手（造園学）、四手井綱英京都大学教授（森林生態学）、手島三二大阪府立大学教授（農業土木学）、野口茂京都工芸繊維大学教授（視覚意匠学）、羽田健三信州大学教授（動物生態学）、矢野悟道神戸女学院大学教授（植物生態学）に、それぞれの専門の立場から万博の森の基本設計にご指導いただいた。基本計画から基本設計への橋わたしとして、高山英華東京大学教授主催の都市計画研究所の南条道昌氏にお世話になった。本書をもって感謝に代えさせていただきたく存じます（以上の肩書きは当時のもの）。

また、万博の森の実施設計管理に長年にわたって従事してきた環境事業計画研究所の所員にも感謝したい。とりわけ森の空中回廊「ソラード」の設計にたずさわった、吉村龍二氏と山口貴弘氏に感謝する次第である。また、二〇七〇年に向けた万博の森風景ミュージアム構想に参加した妻弘子にも、ご苦労様といいたい。

万博の森が植栽以来、四五年にもなり、大きく育ってきた最大の功労者は万博記念協会（現在は解散し、大阪府と関西・大阪二一世紀協会が事業を承継）の皆様である。最後に、本書を借りて心から感謝する次第である。

平成三十年一月

吉村元男

年表

和暦	西暦	万国博覧会	日本	外国
文政六	一八二三			米モンロー宣言。
八	一八二五		外国船打払令。	
一〇	一八二七		頼山陽「日本外史」。	
文政一一	一八二八		シーボルト事件。	
天保四	一八三三		安藤広重「東海道五十三次」刊行。 天保の大飢饉。	
八	一八三七		アメリカ船モリソン号浦賀来航、砲撃。	モールス電信機を発明。 英ビクトリア女王即位。
一〇	一八三九		蛮社の獄。	
一一	一八四〇			アヘン戦争。
一三	一八四二			南京条約。

嘉永一	一八四八			仏二月革命、独三月革命。
四	一八五一	ロンドン万国博覧会（英第一回）。ハイドパークで開催。クリスタルパレス（水晶宮）が人気。入場者六〇四万人。	薩摩の島津斉彬、反射炉築造を試みる。	清、太平天国の乱。
二	一八五二		蘭商館長、風説書でアメリカ艦来航を予告。	仏、ナポレオン三世即位。
六	一八五三～五四	アイルランド、ダブリン産業博覧会。大飢饉からの回復と経済発展をめざした。入場者一一六万人。米ニューヨーク万国博覧会（五三～五四）、二三ヶ国参加、入場者一一五万人。	米東インド艦隊司令官ペリー浦賀に来航。露極東艦隊司令官プチャーチン長崎に来航。幕府オランダに軍艦兵器を注文。	
安政元年	一八五四		ペリー浦賀に再来航、吉田松陰アメリカ艦に乗り込み密航を企てる。日米和親条約、下田、函館二港を開講。日英和親条約。日露和親条約。	
二	一八五五	パリ万国博覧会（仏第一回）。ナ	日蘭和親条約。	

五	一八五八	ポレオン三世による。入場者五一六万人。	日米修好通商条約調印。安政の大獄、尊王攘夷思想。	
六	一八五九		神奈川、函館、長崎三港開港。	
七 万延元年	一八六〇		桜田門外の変。	北京条約、米、リンカーン大統領就任、一八六一年米南北戦争。
文久二	一八六二	ロンドン万国博覧会（英第二回）。入場者六二〇万人。オールコックイギリス駐日公使が指導して日本の伝統工芸品を展示。	和宮降嫁。坂下門外の変。生麦事件。	
三	一八六三			米、リンカーン大統領奴隷開放宣言。
四 元治元年	一八六四		蛤御門（禁門）の変。第一次長州征伐。	欧州第一インターナショナル結成。
元治二 慶応元年	一八六五	アイルランド、ダブリン国際美術工芸博覧会。入場者一〇〇万人。	福沢諭吉、アメリカに渡る。	リンカーン暗殺。

二	一八六六		坂本龍馬、薩長連合を斡旋。	
三	一八六七	パリ万国博覧会（仏第二回）。産業中心から文化イベントへの転換。幕府及び薩摩藩・佐賀藩が出品。水戸藩の徳川昭武、渋沢栄一らがパリに赴く、入場者九〇〇万人。	大政奉還、王政復古の大号令、ええじゃないか騒動。	マルクス『資本論』、米、ロシアよりアラスカ買収。
慶応四 明治元年	一八六八		鳥羽伏見の戦い・戊辰戦争、明治維新。	
二	一八六九		東京奠都。	米、大陸横断鉄道完成。スエズ運河開通。
三	一八七〇			晋仏戦争、仏、第三共和制、パリコミューン成立。
四	一八七一	ロンドン万国博覧会（七一～七四）。四年連続して毎年開催。しかし、赤字。四年間で入場者約二六〇万人。	廃藩置県、岩倉使節団を欧米に派遣。京都西本願寺で第一回京都博覧会。東京九段下で西洋医学所薬草園で物産会。	ドイツ統一。
五	一八七二		大久保利通による富国強兵、殖産振興政策、福沢	

			諭吉『学問のすゝめ』、品川・横浜間鉄道開通。	
六	一八七三	奥、ウィーン万国博覧会。プロシャに敗れたオーストリア・ハンガリー帝国の回復と経済復興。城壁撤去と広大な並木道などの市街地改造。入場者七二五万人。日本政府として初めての公式参加。日本館を建設。	地租改正、征韓論敗北、西郷隆盛ら下野、大久保利通内務省設置。	三帝同盟（独・露・オーストリア＝ハンガリー）。
七	一八七四		自由民権運動（板垣ら）、台湾出兵。民撰議院設立建白書。	
八	一八七五		福沢諭吉『文明論之概略』、奈良東大寺で第一回奈良博覧会。	
九	一八七六	米、独立一〇〇周年記念国際博覧会（フィラデルフィア）。電話機、ミシンが初登場。入場者九八〇万人。		
一〇	一八七七		上野で内国博覧会（第一	英領インド帝国成立。

			回）、西南の役、東京大学創立。	
一一	一八七八	パリ万国博覧会（仏第三回）。晋仏戦争敗北からの回復と世界の文明大国の宣言。エジソンの蓄音機・自動車が出品。入場者一六〇〇万人。	大久保利道暗殺。	ベルリン会議。
一二	一八七九	濠、シドニー国際博覧会（〜八〇）。植民地濠を国際社会に認めさせる。入場者一一二万人。	渋沢栄一が第一国立銀行創設。	
一三	一八八〇	濠、メルボルン国際博覧会（〜八一）。濠の製品を世界にPR。入場者一四六万人。		
一四	一八八一	米アトランタ国際綿業博覧会。新しい南部の繊維産業の姿入場者二九万人。	内国博覧会（第二回）。国会開設の勅諭。鹿鳴館落成。	
一五	一八八二			三国同盟（独・奥・伊）、米、鉄道の大建設時代。
一六	一八八三	蘭、国際植民地博覧会（アムステルダム）。植民地資源のＰＲ入場	鹿鳴館時代。	

		者一四四万人。米、外国製品・美術工芸品アメリカ博（〜八四）。入場者三〇万人。印、カルカッタ国際博覧会（〜八四）。植民地インドをＰＲ。入場者一〇〇万人。米、南部博覧会（〜八七）。南部製品を北部にＰＲ。入場者七七万人。		
一七	一八八四	米、百周年記念世界産業・綿業博（〜八五）、ニューオリンズ、米綿業記念と南部工業の発展。入場者一一六万人。		
一八	一八八五	ベルギー、アントワープ万国博覧会。国際港と商業中心地。入場者三五〇万人。	内閣制度、伊藤博文初代総理大臣となる。	天津条約。印、国民会議派結成。
一九	一八八六	スコットランド、国際工業・科学・美術博（エディンバラ）。二七七万人。英、ロンドンで植民地とインド博覧会帝国主義を前面に打ち出す。入場者五五五万人。		自動車の発明（ベンツ）、英、ビルマ併合。

二〇	一八八七	濠、五〇年記念国際博覧会（アデレード）（〜八八）。南濠植民地誕生とビクトリア女王在位五〇周年記念。入場者七七万人。		仏領インドシナ連邦成立。
二一	一八八八	西、バルセロナ万国博覧会（第一回）。カタロニア地方の活力と国際交易。入場者二二四万人。スコットランド、グラスゴー国際博覧会。ジェームス・ワットの蒸気機関誕生地。入場者五七五万人。濠、百周年記念国際博覧会（〜八九）。入場者二二〇万人。	メキシコとの通商条約、東京朝日新聞創刊。	露仏同盟。
二二	一八八九	パリ万国博覧会（仏第四回）。フランス革命一〇〇周年を記念するエッフェル塔建設。入場者三二三五万人。ニュージーランド、ニュージーランド南洋博（〜九〇）（ダニディーン）。植民地五〇周年記念。入場者六三万人。	大日本帝国憲法発布。東海道線全通。	
二三	一八九〇		内国博覧会（第三回）、	

二四	一八九一	ジャマイカ、ジャマイカ国際博覧会（キングストン）。天然資源や特産物のPR。三〇万人。	第一回帝国議会開催。	
二六	一八九三	シカゴ万国博覧会（第一回）、コロンブスのアメリカ大陸発見四〇〇周年記念博。ミシガン湖にグレコローマン風の白に統一されたホワイト・シティで有名。入場者二七五三万人		米、大恐慌。
二七	一八九四	アントワープ国際博覧会。海運設備をPR。入場者三〇〇万人。米、カリフォルニア冬季国際博（サンフランシスコ）。入場者一三六万人。タスマニア国際博覧会（～九五）入場者二九万人。	日清戦争。	露仏同盟。甲午農民戦争。
二八	一八九五	米、綿州と国際博覧会（アトランタ）。入場者七八万人。	内国博覧会（第四回）、京都。	台湾統治。
二九	一八九六			第一回近代オリンピック開催。

三〇	一八九七	ブリュッセル万国博覧会（第一回）。入場者六〇〇万人。グアテマラ、中米博覧会。米、テネシー百年国際博（ナッシュビル）。黒人の進歩を示す「黒人館」入場者一一七万人。スカンディナヴィア半島、美術・産業大博覧会。		
三一	一八九八	米、トランスミシシッピー博（オマハ）。入場者二六〇万人。	第三次伊藤内閣発足。	米、ハワイ併合条約。米西戦争。
三三	一九〇〇	パリ万国博覧会（仏第五回）。過去を振り返り新しい二〇世紀を展望する。芸術のパリ、花のパリを演出。入場者五〇八六万人。	足尾鉱毒で川俣事件。	清、義和団の乱。
三四	一九〇一	米、汎アメリカ博、バッファロー地域の経済の活性化。入場者八一二万人。英、グラスゴー国際博覧会。入場者一一五六万人。米、サウスキャロライナ・州間・西インド諸島博覧会（～〇二）。西インド諸島（特にキューバとプエルト	足尾鉱毒事件、田中正造、明治天皇に直訴。	第一回ノーベル賞授与。

三五	一九〇二	リコ）との貿易拡大、貿易の中心地チャールストン。仏、フランスと世界の博覧会。東南アジア地域の仏領の経済力ＰＲ。	日英同盟。	
三六	一九〇三		内国博覧会（第四回）、大阪。	ライト兄弟初飛行成功。
三七	一九〇四	米、ルイジアナ買収百年記念国際博覧会。会場面積は万博史最大、セントルイス四九〇ヘクタール。入場者二〇〇〇万人。		日露戦争。シベリア鉄道開通。
三八	一九〇五	ベルギー、リエージュ万国博覧会、ベルギー独立七五周年記念祭典。入場者七〇〇万人。米、ルイス・クラーク探検百年記念アメリカ太平洋博と東洋祭、オレゴン探検百周年記念。入場者二五五万人。	孫文、東京で中国革命同盟会を結成。夏目漱石『吾輩は猫である』連載開始。	日露講和。アインシュタイン「特殊相対性理論」発表。
三九	一九〇六	シンプロトン・トンネル開通記念国際博覧会。アルプスを貫通するトンネルの開通記念。入場者五五		カリフォルニア大地震。

		〇万人。ニュージーランド、ニュージーランド美術産業国際博覧会（〜〇七）。入場者二〇〇万人。		
四〇	一九〇七	アイルランド、アイルランド国際博覧会（ダブリン）。入場者二七五万人。米、ジェームスタウン入植三〇〇周年記念博覧会。入場者二八五万人。	日仏協約成立。東京勧業博覧会。	英仏露三国協商。
四一	一九〇八	英、仏英博覧会、英仏両帝国の和親協定の精神を産業・経済・文化の発展。入場者八四〇万人。		
四二	一九〇九	米、アラスカ・ユーコン・太平洋博覧会（シアトル）。入場者三七四万人。	伊藤博文、ハルピンで暗殺。	
四三	一九一〇	ベルギー、ブリュッセル万国博覧会（第二回）。入場者一三〇〇万人。中国、南京南洋博覧会（南京、清国で初めて）。	韓国併合。	
四四	一九一一	英、帝国の祭典。第一次世界大戦		清、辛亥革命。

大正元年	一九一二	前に、大英帝国連邦団結の祭典。	明治天皇崩御。	清滅亡、中華民国成立。
二	一九一三	ベルギー、万国博覧会。大戦前、「平和・産業・美術」がテーマ。入場者一一〇〇万人。		孫文、第二革命に失敗して亡命。
三	一九一四		東京大正博覧会。	ドイツの宣戦布告、第一次世界大戦、パナマ運河開通。
四	一九一五	米、パナマ太平洋博覧会、パナマ運河開通・太平洋発見四〇〇周年記念（サンフランシスコ）。入場者一八八八万人。	日本、中国に二一ヶ条の要求。大正天皇即位大礼を記念して大典記念京都博覧会。	
八	一九一九		普選運動。	ヴェルサイユ条約調印（山東半島利権取得）。
九	一九二〇		国際連盟正式加入（常任理事行として）。	国際連盟成立（〜四六）。
一〇	一九二一			中国共産党結成。
一一	一九二二	ブラジル、ブラジル独立百周年記念国際博覧会（リオデジャネイロ）。入場者三六三万人。	平和記念東京博覧会。	伊、ファシスト政権成立。ソビエト社会主義共和国連邦成立。

一二	一九二三		関東大震災。	
一三	一九二四	英、大英帝国博覧会（〜二五）。第一次世界大戦後の大英帝国の回復。帝国主義的内容。入場者二七一〇万人。		二四年、中国国共合作。
一四	一九二五	パリ万国博覧会（仏第五回）。装飾美術と近代工業をテーマにしたアール・デコ博覧会。入場者一四〇〇万人。ニュージーランド、ニュージーランド南海国際博覧会（〜二六）。入場者三二〇万人。		
一五 昭和元年	一九二六	米、独立一五〇年記念国際博覧会、（フィラデルフィア）。入場者六四一万人。	大正天皇崩御。	
二	一九二七		金融恐慌（片岡直温大蔵大臣の失言、鈴木商店倒産）。	
三	一九二八	米、太平洋・南西部博覧会（ロングビーチ）。入場者一一〇万人。	第一回普通選挙始まる。	リンドバーグ大西洋無着陸横断飛行。
四	一九二九	西、バルセロナ国際博覧会（第二		ニューヨーク世界恐慌。

		回)(〜三〇)。ベルギー、植民地・海事・フランダース美術博覧会、ベルギー独立一〇〇年記念。入場者五〇万人。		
六	一九三一	仏、国際植民地博覧会。パリ東部のヴァンサンヌで開催。入場者三三五〇万人。	満州事変(〜三二)(関東軍の鉄道爆破→中国攻撃)。	
七	一九三二		溥儀、満州国建国宣言。五・一五事件(犬養首相殺害)。	
八	一九三三	ミラノ・トリエンナーレ特別博。米、進歩の世紀博覧会(第二回)(〜三四)、一般博。シカゴ市制施行一〇〇年記念、テーマ設定「進歩の世紀」。入場者二七七〇万人、二一〇〇万人。	国際連盟脱退。	独、ナチス政権成立。米、ルーズベルト大統領、ニューディール政策開始。独、ヒットラーが総統に就任。
一〇	一九三五	ベルギー、ブリュッセル万国博覧会(第三回)、第一種一般博。テーマ「民族を通じての平和」、国際博覧会条約発効後、最大規模	芥川賞・直木賞の創設。	

		の博覧会。入場者二六〇〇万人。米、カリフォルニア太平洋国際博覧会（〜〇六）（サンディエゴ）。入場者四七〇万人、二〇〇万人。		
一一	一九三六	第六回ミラノ・トリエンナーレ、特別博。ストックホルム国際博覧会、特別博。英、帝国博覧会（〜三七）、ヨハネスブルグ市制施行五〇周年記念。入場者一五〇万人。	二・二六事件（陸軍クーデター失敗）→準戦時体制に突入。	
一二	一九三七	仏、パリ万国博覧会（第七回）（現代生活の中の美術と技術国際博覧会）、第二種一般博。ピカソ「ゲルニカ」出展。ナチス・ドイツとソビエト連邦のパビリオンが向かい合って立つ。入場者三一六〇万人。	日華事変（盧溝橋事件→日中戦争（〜四五））→南京大虐殺。	独、オーストリア併合。
一三	一九三八	英、大英帝国博覧会（グラスゴー）。入場者一二六〇万人。ヘルシンキ国際博、特別博。	国家総動員法、「産めよ殖やせよ」。	
一四	一九三九	リエージュ国際博覧会「水と技		第二次世界大戦（〜四

		術」特別博。米、ニューヨーク世界博覧会（第一回）（〜四〇）、第二種一般博。ジョージ・ワシントン大統領就任記念。テーマ「明日の世界の建設と平和」。ナイロン・プラスチック・テレビ。高速道路網の巨大ジオラマ。入場者第一期二五八一万人、第二期一九一〇万人。米、ゴールデンゲート国際博覧会（〜四〇）（サンフランシスコ）。入場者一七〇〇万人。ニュージーランド、ニュージーランド一〇〇周年記念博覧会。入場者二六四万人。		五）。
一五	一九四〇	ポルトガル、ポルトガル世界博。ポルトガル建国八〇〇周年とスペインからの独立三〇〇年記念、第七回ミラノ・トリエンナーレ特別博。	皇紀二六〇〇年記念式典挙行、第四回国政調査実施、総人口一億五二二万人、内地七三一一万人。	独、パリ占領。
一六	一九四一		ハワイ真珠湾奇襲→アジ	

一七	一九四二		ア太平洋戦争。	独、スターリングラード侵攻。
一八	一九四三		学徒出陣。	
二〇	一九四五		広島に原爆投下長崎に原爆投下。ポツダム宣言受諾降伏。	朝、三八度線で南北分裂。国際連合発足。インドネシア独立。独、無条件降伏。
二一	一九四六		天皇、人間宣言。日本国憲法公布。	ユネスコ成立。フィリピン独立。
二二	一九四七	第八回ミラノ・トリエンナーレ、特別博。パリ国際都市計画・移住博覧会、特別博。テーマ「明日の世界と建設」。		インドパキスタン分離独立。
二三	一九四八			パレスチナ戦争（第一次中東戦争）、ビルマ独立、朝鮮人民共和国、大韓民国独立。
二四	一九四九	ストックホルム国際スポーツ博覧会、特別博。ポルトープランス万	湯川秀樹ノーベル物理学賞受賞。	北大西洋条約機構（NATO）結成、ドイツ連邦

		国博覧会、第二種一般博。リヨン国際博覧会、特別博。		共和国（西ドイツ）成立。中華人民共和国成立。
二五	一九五〇	ハイチ、ポルトープランス入植二〇〇年記念国際博覧会、二五万人。		朝鮮戦争（～五三）。
二六	一九五一	リール国際繊維博覧会、特別博、第九回ミラノ・トリエンナーレ、特別博。	対日講和条約（自由主義四八ヶ国）・日米安全保障条約調印。	
二七	一九五二			朝鮮戦争（～五三）、四六〇万人死亡。
二八	一九五三	砂漠の征服の国際博覧会、特別博テーマ「砂漠の征服」。ローマ国際農業博覧会。		
二九	一九五四	ナポリ国際航海博覧会、特別博。第一〇回ミラノ・トリエンナーレ特別博。		
三〇	一九五五	トリノ国際スポーツ博覧会、特別博。ヘルシングボルイ応用技術国際博覧会、特別博。テーマは「現代の人間環境」。	イタイイタイ病（四大公害）。	
三一	一九五六	ベト・ダゴン国際博覧会、特別博。	水俣病。	第二次中東戦争。

三二	一九五七	ベルリン国際建築博覧会、特別博。第一一回ミラノ・トリエンナーレ特別博。	国連・非常任理事国に。日ソ通商条約。なべ底景気。	ソ連人工衛星スプートニク打ち上げ。
三三	一九五八	ブリュッセル万国博覧会（第四回）。テーマは「科学文明とヒューマニズム」。シンボルタワーとしてアトミウムが建設。四一四五万人。	東京タワー完成。	米、人工衛星打ち上げ成功。
三四	一九五九			キューバ革命。
三五	一九六〇	ロッテルダム国際園芸博覧会、特別博。第一二回ミラノ・トリエンナーレ特別博。	日米安保新条約→安保闘争。カラーテレビ本放送。高度経済成長期に突入。四日市ぜんそく。	アフリカ諸国続々独立、地球人口三〇億人、米、ケネディ大統領就任。
三六	一九六一	イタリア統一一〇〇年記念・トリノ国際労働博覧会、特別博。		ソ連、有人宇宙ロケット成功。ウィーン会談。ベルリンの壁建設。
三七	一九六二	米、シアトル世界博。テーマ「宇宙時代の人類」。九六四万人。		レイチェル・カーソン『沈黙の春』。キューバ危機。
三八	一九六三	ハンブルク国際園芸博覧会、国際		ケネディ大統領暗殺。

三九	一九六四	園芸博、特別博。ウィーン国際園芸博覧会、国際園芸博、特別博。第一三回ミラノ・トリエンナーレ特別博。米、ニューヨーク世界博覧会（第二回）（〜六五）。例外的にＢＩＥ非認定の万博。テーマは「相互理解を通じての平和」。入場者二七一〇万人（第一期）、二四五〇万人（第二期）	東海道新幹線開通。東京オリンピック開催。	
四〇	一九六五	ミュンヘン国際交通博覧会、特別博。	いざなぎ景気。名神開通。	米、ベトナム北爆開始。ソ連、初宇宙遊泳成功。
四一	一九六六		総人口一億人突破。	中、文化大革命（〜七六）。
四二	一九六七	カナダ、モントリオール万国博覧会、第一種一般博。テーマは「人間とその世界」。カナダの連邦政府成立一〇〇周年記念祭典。入場者五〇三〇万人。	美濃部亮吉・東京都知事に→革新旋風。	ヨーロッパ共同体（ＥＣ）発足。第三次中東戦争。
四三	一九六八	米、ヘミス・フェア世界博覧会特	国民総生産（ＧＮＰ）、	

		別博。テーマは「アメリカ大陸における文化の交流」、サンアントニオ市制誕生二五〇周年記念。入場者六四〇万人。第一四回ミラノ・トリエンナーレ特別博。	米国に次ぐ世界第二位。東大紛争。自民党による「都市政策大綱」（田中角栄の日本列島改造論の下敷きの内容）。熊本県水俣病を公害病と認定。富山県イタイイタイ病を公害病に認定。	
四四	一九六九	パリ国際園芸博覧会、特別博。		米、アポロ11号月着陸。
四五	一九七〇	日本、日本万国博覧会（大阪万博）第一種一般博。テーマは「人類の進歩と調和」。総入場者数は上海万博に次いで六四二一万八七七〇人を記録。以降、一九九二年のセビリア万博まで一般博は開催されない。	三島由紀夫割腹。光化学スモッグ（東京）。国産人工衛星打ち上げ。田子の浦へドロ公害告発。東京で歩行者天国開始。消費者運動高揚。	
四六	一九七一	狩猟の世界博覧会（ハンガリーのブダペストで開催された特別博）。	沖縄返還調印、大阪万博会場パビリオン撤去。美濃部革新知事再選。	中国の国連加盟。
四七	一九七二	アムステルダム国際園芸博覧会、	沖縄復帰、日中共同声明。	「成長の限界」ローマク

		特別博。	「日本列島改造論」。大阪万博跡地に植栽始まる。札幌オリンピック。	ラブ。スウェーデンストックホルムで国連人間環境会議（地球サミット）。
四八	一九七三	ハンブルグ国際園芸博覧会、特別博。	石油ショック→狂乱物価現象・異常インフレ。金大中事件。	拡大EC発足。ベトナム和平協定。
四九	一九七四	ウィーン国際園芸博覧会、特別博。スポーケン国際環境博覧会、特別博。テーマは「汚染なき進歩」。入場者五六〇万人。		地球人口四〇億人。
五〇 〜五一	一九七五 〜七六	日本、沖縄国際海洋博覧会、特別博。沖縄本土復帰記念、テーマは「海、その望ましい未来」。入場者三五〇万人。	山陽新幹線開通（岡山―博多）。英国エリザベス女王訪日。	サイゴン陥落→ベトナム和平協定調印。
五二	一九七七		国立民族学博物館開館。	
五四	一九七九			米、中国と国交樹立。ソ連、アフガニスタンに軍事介入。
五五	一九八〇	モントリオール国際園芸博覧会、		イラン・イラク戦争。

		特別博。	
五六	一九八一	ブロヴディフ国際博覧会、特別博。	
五七	一九八二	ノックスビル国際エネルギー博覧会、特別博。テーマは「エネルギーは世界の原動力」。入場者一一五万人、アムステルダム国際園芸博覧会、特別博。	東北新幹線開通（大宮—盛岡）。
五八	一九八三	ミュンヘン国際園芸博覧会、特別博。	
五九	一九八四	米、ニューオリンズ国際河川博覧会、特別博。テーマは「川の世界、水は命の源」。入場者七三〇万人。リバプール国際庭園博覧会、国際園芸博、特別博。	
六〇	一九八五	日本、つくば国際科学技術博覧会（科学万博）、特別博。テーマは「人間・居住・環境と科学技術」。入場者二〇三〇万人。プロヴディフ国際博覧会、ブルガリアのプロヴディフで開催された特別博。	

六一	一九八六	カナダ、バンクーバー国際交通博覧会、特別博。テーマは「動く世界、触れ合う世界」。入場者二二一〇万人。	社会党委員長、土井たか子就任。	チェルノブイリ原子力発電所事故。ソ連、ペレストロイカ。
六三	一九八八	濠、ブリスベン国際レジャー博覧会、特別博。テーマは「技術時代のレジャー」。入場者一五七七万人。第一七回ミラノ・トリエンナーレ、特別博。グラスゴー園芸フェスティバル。四三五万人。		
六四 平成元年	一九八九		昭和天皇崩御。	ベルリンの壁撤去。
二	一九九〇	日本、国際花と緑の博覧会（花の万博）、大国際園芸博、特別博。テーマは「自然と人間との共生」。入場者二三一二万人。		ソ連、初代大統領ゴルバチョフ就任。
三	一九九一	ブロヴディフ国際博覧会、特別博。		ソ連崩壊。米、イラク爆撃（湾岸戦争勃発）。
四	一九九二	第一八回ミラノ・トリエンナーレ、特別博。西、セビリア万国博覧会。		国連環境開発会議リオデジャネイロで生物多様性

		二二年ぶりの一般博。テーマは「発見の時代」。コロンブスのアメリカ大陸発見五〇〇周年記念祭典。入場者四一八一万人。伊、ジェノヴァ国際船と海の博覧会、特別博。テーマは「クリストファー・コロンブス、船と海」。入場者一六九四万人。ハーグ・ズータメア国際園芸博覧会、国際園芸博、特別博。	条約。
五	一九九三	韓国、大田国際博覧会、韓国の大田で開催された特別博。テーマは「新しい跳躍への道」。入場者一四〇〇万人。シュトゥットガルト国際園芸博覧会、国際園芸博、特別博。	
七	一九九五		阪神・淡路大震災、死者六四三四人、防災体制欠陥露呈。東京地下鉄サリン事件（オウム真理教）。
八	一九九六	第一九回ミラノ・トリエンナーレ、	

九	一九九七	特別博。	第三回気候変動に関する国際連合枠組条約の京都議定書（COP3）。	アジア通貨危機で世界同時株安。香港中国返還。
一〇	一九九八	ポルトガル、リスボン国際博覧会、特別博。テーマは「海、未来への遺産」。入場者一〇〇二万人。	長野オリンピック。	
一一	一九九九	昆明世界園芸博覧会、国際園芸博、特別博。	失業率過去最悪、中高年の自殺急増。	欧州単一通貨ユーロ誕生、地球人口六〇億人。
一二	二〇〇〇	ハノーヴァー万国博覧会、旧条約における最後の一般博。テーマは「人間・自然・技術」。万博史上最多の国や機関が参加するが、約一四億マルク（約一二〇〇億円）の赤字を生む。		
一三	二〇〇一		不況深刻化。株価急落、失業率五％台。	九・一一米中枢同時多発テロ（世界貿易センターのツインタワービル他）。
一四	二〇〇二	ハールレマーミア国際園芸博覧会、国際園芸博、特別博。		

一五	二〇〇三	ロストック国際園芸博覧会、国際園芸博、認定博。		
一七	二〇〇五	日本国際博覧会（愛知万博、愛・地球博）。旧条約における国際特別博、新条約における登録博。テーマは「自然の叡智」。入場者二二〇〇万人。		
一八	二〇〇六	チェンマイ国際園芸博覧会、国際園芸博、認定博。		
二〇	二〇〇八	サラゴサ国際博覧会、認定博。テーマは「水と持続可能な開発」。		
二二	二〇一〇	上海国際博覧会、登録博。テーマは「より良い都市、より良い生活」。総入場者数は万博史上最多の七三〇八万人を記録した。	第一〇回生物多様性条約愛知県名古屋市会議（COP10）。	
二三	二〇一一		東日本大震災。	地球人口七〇億人。
二四	二〇一二	麗水国際博覧会、認定博。テーマは「生きている海と沿岸」。フェンロー国際園芸博、認定博。		
二七	二〇一五	ミラノ国際博覧会、登録博。テー		

		マは「地球を養う。命のためのエネルギー」。		
二八	二〇一六	アンタルヤ国際園芸博覧会、認定博。		
二九	二〇一七	アスタナ国際博覧会、認定博。テーマは「未来のエネルギー」。		
	二〇二〇 予定	ドバイ国際博覧会、登録博。	東京オリンピック。	

《著者紹介》

吉村　元男（よしむら・もとお）

1937年11月京都市左京区生まれ。京都大学農学部林学科卒業（造園学専攻）。1968年環境事業計画研究所を設立し，代表取締役所長に就任。奈良女子大学，大阪大学，京都工芸繊維大学，鳥取大学などの非常勤講師を歴任。2001年３月環境事業計画研究所会長になり，同年４月鳥取環境大学環境情報学部環境デザイン学科教授に就任。2008年退職。「万博記念公園の森の基本設計」で日本造園学会賞，「鎮守の森の研究」で環境賞，都市公園での功労により北村賞などを受賞している。著書に『都市は野生でよみがえる――花と緑の都市戦略』，『エコハビタ――環境創造の都市』，『ランドスケープデザイン――野生のコスモロジーと共生する風景の創造』，『水辺の計画と設計』，『地域発・ゼロエミッション――廃棄物ゼロの循環型まちづくり』，『森が都市を変える――野生のランドスケープデザイン』，『地域油田――環節都市が開く未来』，『吉村元男の「景」と「いのちの詩」』などがある。

大阪万博が日本の都市を変えた
――工業文明の功罪と「輝く森」の誕生――

2018年７月30日　初版第１刷発行　〈検印省略〉

定価はカバーに
表示しています

著　者　吉　村　元　男
発行者　杉　田　啓　三
印刷者　坂　本　喜　杏

発行所　株式会社　ミネルヴァ書房
607-8494　京都市山科区日ノ岡堤谷町１
電話代表　(075)581-5191
振替口座　01020-0-8076

冨山房インターナショナル

ISBN 978-4-623-07764-9
Printed in Japan

人名索引

あ行

か行

さ 行

た 行

な 行

は 行

ま 行

や　行

ら　行

わ　行

事項索引

あ 行

か 行

さ　行

た　行

ま　行

や　行

ら　行

わ　行